安全生产百分百学习系列手册

安全生产标准化知识学习手册

主编 杨勇

中国劳动社会保障出版社

图书在版编目(CIP)数据

安全生产标准化知识学习手册/杨勇主编. -- 北京：中国劳动社会保障出版社，2018

（安全生产百分百学习系列手册）

ISBN 978-7-5167-3472-8

Ⅰ.①安⋯　Ⅱ.①杨⋯　Ⅲ.①企业安全-安全生产-标准化-手册　Ⅳ.①X931-65

中国版本图书馆 CIP 数据核字（2018）第 087850 号

中国劳动社会保障出版社出版发行

（北京市惠新东街 1 号　邮政编码：100029）

＊

三河市潮河印业有限公司印刷装订　　新华书店经销

880 毫米×1230 毫米　32 开本　4.125 印张　89 千字
2018 年 5 月第 1 版　　2022 年 5 月第 4 次印刷

定价：15.00 元

读者服务部电话：（010）64929211/84209101/64921644

营销中心电话：（010）64962347

出版社网址：http://www.class.com.cn

内容提要

本书为"安全生产百分百学习系列手册"丛书之一，主要讲述新时代企业安全生产标准化建设相关知识，重点分析了企业安全生产标准化建设过程中需要了解的程序步骤和内容要素。本书主要内容包括安全生产标准化基础、安全生产标准化建设方法、安全生产标准化建设的核心内容、企业安全生产标准化评审获证相关内容。

本书知识点较多，均是在生产实践中经常遇到并且需要了解的内容，为了便于阅读，书中运用了通俗易懂的语言进行描述，使读者对安全生产标准化有关知识，以及如何进行企业安全生产标准化建设并评审获得等级有更深入的了解。本书适合为企业职工"安全生产月"的安全生产知识普及与宣传教育使用，也可作为企业班组安全生产知识学习读本及企业新入厂职工安全教育培训学习读本使用。

目　录

第一章　安全生产标准化基础

第二章　安全生产标准化建设方法

第三章　安全生产标准化建设核心内容

第四章　企业安全生产标准化评审获证

第一章

安全生产标准化基础

1. 安全生产标准化的含义

安全生产标准化是指通过建立安全生产责任制，制定安全生产管理制度和操作规程，排查治理隐患和监控重大危险源，建立预防机制，规范生产行为，使各生产环节符合有关安全生产法律法规和标准规范的要求，人、机、物、环处于良好的生产状态，并持续改进，不断加强企业安全生产规范化建设。

安全生产标准化的这一定义涵盖了企业安全生产工作的全局，是企业开展安全生产工作的基本要求和衡量尺度，也是企业加强安全管理的重要方法和手段。而《中华人民共和国标准化法》（以下简称《标准化法》）中的"标准化"，主要是通过制定、实施国家标准、行业标准等，来规范各种生产行为，以获得最佳生产秩序和社会效益，二者有所不同。

企业安全生产标准化工作就是在企业生产经营和全部活动中，全面贯彻执行国家、地区、行业颁发的各项规程、规章、标准，按标准组织生产经营活动，按标准从事各项管理工作，按标准进行作业和工作，按标准对企业各个环节进行持续改进和自我完善。同

时，依据这些标准，结合企业实际，建立起科学严格的企业内部技术标准、质量标准、工作标准、管理标准、作业标准及其他各项基础管理制度等，使企业的各项活动、工作和作业工序、环节、岗位及每个员工的工作都有标准可供遵循，都在标准的指导和约束下进行，从而提高企业的工作质量、产品质量、服务质量，降低成本，提高效率，增加效益，进而增强市场竞争能力。

而安全生产标准化，就是将标准化工作引入和延伸到安全工作中来，它是企业全部标准化工作中最重要的组成部分。其内涵就是企业在生产经营和全部管理过程中，要自觉贯彻执行国家和地区、部门的安全生产法律、法规、规程、规章和标准，并将这些内容细化，依据这些法律、法规、规程、规章和标准制定本企业安全生产方面的规章、制度、规程、标准、办法，并在企业生产经营管理工作的全过程、全方位、全员中、全天候地切实得到贯彻实施，使企业的安全生产工作得到不断加强并持续改进，使企业的本质安全水平不断得到提升，使企业的人、机、环始终处于和谐和安全的状态，进而保证和促进企业在安全的前提下健康快速发展。

2. 企业安全生产标准化工作发展历程

我国安全生产标准化工作的发展大致经历了 4 个阶段。

（1）第一阶段——煤矿质量标准化

第一阶段从 1964 年开始。原煤炭部部长张霖之首先提出了"煤矿质量标准化"的概念，要求重点抓好煤矿采掘工程质量。20世纪 80 年代初期，煤炭行业事故持续上升，为此，原煤炭部于1986 年在全国煤矿开展"质量标准化、安全创水平"活动，目的是通过质量标准化促进安全生产。有色、建材、电力、黄金等多个行业也相继开展了质量标准化创建活动，以提高企业安全生产水平。

（2）第二阶段——安全质量标准化

第二阶段从 2003 年 10 月开始。原国家安全生产监督管理局和中国煤炭工业协会在黑龙江省七台河市召开了全国煤矿安全质量标准化现场会，提出了新形势下煤矿安全质量标准化的内容，会后出台的《关于在全国煤矿深入开展安全质量标准化活动的指导意见》，提出了安全质量标准化的概念。

（3）第三阶段——安全生产标准化的提出

20 世纪 80 年代，冶金、机械、采矿等领域率先开展了企业安全生产标准化活动，先后推行了设备设施标准化、作业现场标准化和行为标准化。随着人们对安全生产标准化认识的提高，特别是在 20 世纪末，职业健康安全管理体系引入我国，风险管理的方法逐渐被部分企业所接受，从此安全生产标准化不仅停留在设备设施维护标准化、作业现场标准化、行为动作标准化，也开始了安全生产管理活动的标准化。

第三阶段从 2004 年开始。这一年发布的《国务院关于进一步加强安全生产工作的决定》（国发〔2004〕2 号）提出了在全国所有的工矿、商贸、交通、建筑施工等企业普遍开展安全质量标准化活动的要求。原国家安全生产监督管理局印发了《关于开展安全质量标准化活动的指导意见》（安监政法字〔2004〕62 号），煤矿、非煤矿山、危险化学品、烟花爆竹、冶金、机械等行业、领域均开展了安全质量标准化创建工作。随后，除煤炭行业强调了煤矿安全生产状况与质量管理相结合外，其他多数行业逐步弱化了质量的内

容，提出了安全生产标准化的概念。

《国务院关于进一步加强安全生产工作的决定》进一步明确了安全生产工作的指导思想和目标，为加强和改善安全生产工作指明了方向，明确指出要通过制定和颁布重点行业、领域安全生产技术规范和安全生产工作标准，在所有工矿等企业普遍开展安全质量标准化活动，使企业的生产经营活动和行为，符合安全生产有关法律法规和安全生产技术规范的要求，做到规范化和标准化。按照这个精神，国家安全生产监督管理总局和有关部门先后在非煤矿山、危险化学品、冶金、电力、机械、道路和水上交通运输、建筑、旅游、烟花爆竹等领域修订完善了开展安全标准化工作的标准、规范、评分办法等一系列指导性文件，指导企业开展安全标准化建设的考评工作。

（4）第四阶段——安全生产标准化充分发展

2014年8月31日，第十二届全国人民代表大会常务委员会第十次会议通过全国人民代表大会常务委员会关于修改《中华人民共和国安全生产法》（以下简称《安全生产法》）的决定，中华人民共和国主席令第13号公布，自2014年12月1日起施行。

修改后的《安全生产法》将企业安全生产标准化建设列入其中内容，第四条明确规定，生产经营单位必须遵守《安全生产法》和其他有关安全生产的法律法规，加强安全生产管理，建立健全安全生产责任制和安全生产规章制度，改善安全生产条件，推进安全生产标准化建设，提高安全生产水平，确保安全生产。

2017年1月12日，国务院办公厅下发了《国务院办公厅关于印发安全生产"十三五"规划的通知》（国办发〔2017〕3号），通知明确要求各级政府深入学习贯彻习近平总书记系列重要讲话精神，认真落实党中央、国务院决策部署，紧紧围绕统筹推进"五位一体"总体布局和协调推进"四个全面"战略布局，弘扬安全发展理念，遵循安全生产客观规律，主动适应经济发展新常态，科学统筹经济社会发展与安全生产，坚持改革创新、依法监管、源头防范、系统治理，着力完善体制机制，着力健全责任体系，着力加强法治建设，着力强化基础保障，大力提升整体安全生产水平，有效防范遏制各类生产安全事故，为全面建成小康社会创造良好稳定的安全生产环境。

《安全生产"十三五"规划》对企业安全生产标准化建设有明确要求，主要相关内容如下：

1）严格落实企业安全生产条件，保障安全投入，推动企业安全生产标准化达标升级，实现安全管理、操作行为、设备设施、作业环境标准化。鼓励企业建立与国际接轨的安全管理体系。

2）推动城市、县城、全国重点镇和经济发达镇制修订城乡消防规划。开展消防队标准化建设，配齐配足灭火和应急救援车辆、器材和消防员个人防护装备。推动乡镇按标准建立专职或志愿消防队，构建覆盖城乡的灭火救援力量体系。开展易燃易爆单位、人员密集场所、高层建筑、大型综合体建筑、大型批发集贸市场、物流仓储等区域火灾隐患治理。推行消防安全标准化管理。

3）严格渔船初次检验、营运检验和船用产品检验制度。开展渔船设计、修造企业能力评估。推进渔船更新改造和标准化。完善渔船渔港动态监管信息系统，对渔业通信基站进行升级优化。

4）将职业病危害防治纳入企业安全生产标准化范围，推进职业卫生基础建设。加大职业病危害防治资金投入，加大对重点行业领域小微型企业职业病危害治理的支持和帮扶力度。加快职业病防

治新工艺、新技术、新设备、新材料的推广应用。

5）推动企业安全生产标准化达标升级。推进煤矿安全技术改造。创建煤矿煤层气（瓦斯）高效抽采和梯级利用、粉尘治理，兼并重组煤矿水文地质普查，以及大中型煤矿机械化、自动化、信息化和智能化融合等示范企业。建设智慧矿山。

2017年4月1日，新版《企业安全生产标准化基本规范》（GB/T 33000—2016）正式实施，突出了企业安全管理系统化要求，调整了企业安全生产标准化管理体系的核心要素，提出安全生产与职业健康管理并重的要求。

3. 企业安全生产标准化建设的目标

（1）总体要求

坚持"安全第一，预防为主，综合治理"的方针，牢固树立新时代安全发展的理念，全面落实国家法律法规的精神，按照《企业安全生产标准化基本规范》和相关规定，制定完善安全生产标准和制度规范。严格落实企业安全生产责任制，加强安全科学管理，实现企业安全管理的规范化。加强安全教育培训，强化安全意识、技术操作和防范技能，杜绝"三违"。加大安全投入，提高专业技术装备水平，深化隐患排查治理，改进现场作业条件。通过安全生产标准化建设，实现岗位达标、专业达标和企业达标，各行业（领域）企业的安全生产水平明显提高，安全管理和事故防范能力明显增强。

（2）目标任务

在工矿商贸和交通运输行业（领域）深入开展安全生产标准化

建设，重点突出煤矿、非煤矿山、交通运输、建筑施工、危险化学品、烟花爆竹、民用爆炸物品、冶金等行业（领域），并要求按照时间阶段性完成各项任务。建立健全各行业（领域）企业安全生产标准化评定标准和考评体系。进一步加强企业安全生产规范化管理，推进全员、全方位、全过程安全管理。加强安全生产科技装备，提高安全保障能力。严格把关，分行业（领域）开展达标考评验收。不断完善工作机制，将安全生产标准化建设纳入企业生产经营全过程，促进安全生产标准化建设的动态化、规范化和制度化，有效提高企业本质安全水平。

4. 国家对安全生产标准化建设工作的部署

2016年12月18日，中国政府网公布《中共中央国务院关于推进安全生产领域改革发展的意见》（以下简称《意见》），共6部分30条，包括总体要求，健全落实安全生产责任制，改革安全监管监察体制，大力推进依法治理，建立安全预防控制体系，加强安全基础保障能力建设。目标任务是到2020年，安全生产监管体制机制基本成熟，法律制度基本完善，全国生产安全事故总量明显减少，职业病危害防治取得积极进展，重特大生产安全事故频发势头得到有效遏制，安全生产整体水平与全面建成小康社会目标相适应。到2030年，实现安全生产治理体系和治理能力现代化，全民安全文明素质全面提升，安全生产保障能力显著增强，为实现中华民族伟大复兴的中国梦奠定稳固可靠的安全生产基础。《意见》在总体部署中，对企业安全生产标准化建设有明确要求："大力推进企业安全生产标准化建设，实现安全管理、操作行为、设备设施和

作业环境的标准化。"

5. 企业安全生产标准化建设的重要意义

实施企业安全生产标准化具有重要的意义，主要体现在以下几个方面：

（1）落实安全生产主体责任的基本手段

各行业安全生产标准化考评标准，无论从管理要素，还是设备设施要求、现场条件等，均体现了法律法规、标准规程的具体要求，以管理标准化、操作标准化、现场标准化为核心，制定符合自身特点的各岗位、工种的安全生产规章制度和操作规程，形成安全管理有章可循、有据可依、照章办事的良好局面，规范和提高从业人员的安全操作技能。通过建立健全企业主要负责人、管理人员、从业人员的安全生产责任制，将安全生产责任从企业法人落实到每个从业人员、操作岗位，强调全员参与的重要意义，进行全员、全过程、全方位的梳理工作，全面细致地查找各种事故隐患和问题以及与考评标准规定不符合的地方，制订切实可行的整改计划，落实各项整改措施，从而将安全生产的主体责任落实到位，促进企业安全生产状况持续好转。

（2）建立安全生产长效机制的有效途径

开展安全生产标准化活动重在基础、重在基层、重在落实、重在治本。安全生产标准化要求企业各个工作部门、生产岗位、作业环节的安全管理、规章制度和各种设备设施、作业环境，必须符合法律法规、标准规程等要求。安全生产标准化是一项系统、全面、基础和长期的工作，克服了工作的随意性、临时性和阶段性，做到用法规抓安全，用制度保安全，实现企业安全生产工作规范化、科学化。同时，安全生产标准化比传统的质量标准化具有更先进的理念和方法，比国外引进的职业健康安全管理体系有更具体的实际内容，是现代安全管理思想和科学方法的中国化，有利于形成和促进企业安全文化建设，促进安全管理水平的不断提升。

（3）提高安全生产监管水平的有力抓手

对于实行安全许可的矿山、危险化学品、烟花爆竹等行业，开展安全生产标准化工作可以全面满足安全许可制度的要求，保证安全许可制度的有效实施，最终能够达到强化源头管理的目的。对于冶金、有色、机械等无行政许可的行业，安全生产标准化能够完善监管手段，在一定程度上解决监管手段缺乏的问题，提高监管力度和监管水平。同时，实施安全生产标准化建设考评，将企业划分为不同等级，能够客观真实地反映出各地区企业安全生产状况和不同安全生产水平的企业数量，为加强安全监管提供有效的基础数据，为政府实施安全生产分类指导、分级监管提供重要依据。

（4）减少生产安全事故发生的有效办法

我国是世界制造大国，行业门类全、企业多，企业规模、装备水平、管理能力差异很大，特别是中小型企业的安全生产管理基础薄弱，生产工艺和装备水平较低，作业环境相对较差，事故隐患较多，伤亡事故时有发生。安全生产事故多发的原因之一就是安全生产责任不到位，基础工作薄弱，管理混乱，"三违"现象不断发生。安全生产标准化是以隐患排查治理为基础，强调任何事故都是可以预防的理念，将传统的事后处理转变为事前预防。开展安全生产标准化工作，就是要求企业加强安全生产基础工作，建立严密、完

整、有序的安全管理体系和规章制度，完善安全生产技术规范，使安全生产工作经常化、规范化和标准化。安全生产标准化要求企业建立健全并严格执行岗位标准，杜绝违章指挥、违章作业和违反劳动纪律现象，切实保障广大人民群众生命财产安全。

第二章

安全生产标准化建设方法

6. 企业安全生产标准化建设流程

企业安全生产标准化建设流程包括策划准备及制定目标、教育培训、现状梳理、管理文件制修订、实施运行及整改、企业自评、评审申请、外部评审 8 个阶段。

（1）策划准备及制定目标

策划准备阶段首先要成立领导小组，由企业主要负责人担任领导小组组长，所有相关职能部门的主要负责人作为成员，确保安全生产标准化建设组织保障。成立执行小组，由各部门负责人、工作人员共同组成，负责安全生产标准化建设过程中的具体问题。

制定安全生产标准化建设目标，并根据目标来制定推进方案，分解落实达标建设责任，确保各部门在安全生产标准化建设过程中任务分工明确，顺利完成各阶段工作目标。

（2）教育培训

安全生产标准化建设需要全员参与。教育培训首先要解决企业领导层对安全生产标准化建设工作重要性的认识，加强其对安全生产标准化工作的理解，从而使企业领导层重视该项工作，加大推动

力度，监督检查执行进度。其次要解决执行部门、人员操作的问题，如确定培训评定标准的具体条款要求，本部门、本岗位、相关人员的具体工作，如何将安全生产标准化建设和企业日常安全管理工作相结合。

同时，要加大安全生产标准化工作的宣传力度，充分利用企业内部资源，广泛宣传安全生产标准化的相关文件和知识，加强全员参与度，解决安全生产标准化建设的思想认识和关键问题。

（3）现状梳理

对照相应专业评定标准（或评分细则），对企业各职能部门及下属各单位安全管理情况、现场设备设施状况进行现状摸底，摸清各单位存在的问题和缺陷。对于发现的问题，定责任部门，定措施，定时间，定资金，及时进行整改并验证整改效果。现状摸底的结果可作为企业安全生产标准化建设各阶段进度任务的针对性依据。

企业要根据自身经营规模、行业地位、工艺特点及现状摸底结果等因素及时调整达标目标，注重建设过程，保证真实、有效、可靠，不可一味盲目追求达标等级。

（4）管理文件制定和修订

安全生产标准化对安全管理制度、操作规程等要求，核心在其内容的符合性和有效性，而不是对其名称和格式的要求。企业要对照评定标准，对主要安全管理文件进行梳理，结合现状摸底所发现的问题，准确判断管理文件亟待加强和改进的薄弱环节，提出有关文件的制订和修订计划。以各部门为主，自行对相关文件进行制定和修订，由标准化执行小组对管理文件进行把关。

（5）实施运行及整改

根据制定和修订后的安全管理文件，企业要在日常工作中进行实际运行。根据运行情况，对照评定标准的条款，按照有关程序，将发现的问题及时进行整改及完善。

（6）企业自评

企业在安全生产标准化系统运行一段时间后，依据评定标准，由标准化执行小组组织相关人员，开展自主评定工作。

企业对自主评定中发现的问题进行整改，整改完毕后，着手准备安全生产标准化评审申请材料。

（7）评审申请

企业要与相关安全生产监督管理部门或评审组织单位联系，严格按照相关行业规定的评审管理办法，完成评审申请工作。企业在自评材料中，应当将每项考评内容的得分及扣分原因进行详细描述，以便通过申请材料反映企业工艺及安全管理情况。根据自评结果确定拟申请的等级，按相关规定到属地或上级安全监管部门办理外部评审推荐手续后，正式向相应的评审组织单位（承担评审组织职能的有关部门）递交评审申请。

（8）外部评审

企业应接受外部评审单位的正式评审，在外部评审过程中，积极主动配合，由参与安全生产标准化建设执行部门的有关人员参加外部评审工作。企业应针对评审报告中列举的全部问题，形成整改计划，及时进行整改，并配合评审单位上报有关评审材料。外部评审时，可邀请属地安全监管部门派员参加，便于安全监管部门监督评审工作，掌握评审情况，督促企业整改评审过程中发现的问题和隐患。

7. 实施企业安全生产标准化的要素

安全生产标准化的具体实施有四大要素，即安全管理标准化、安全现场标准化、岗位安全操作标准化和过程控制标准化。

（1）安全管理标准化

通过制定科学的管理标准来规范人的思想行为，确定组织成员必须遵守的行为准则，要求生产经营单位的每一环节都必须按一定的方法和标准来运行，实现管理的规范化。其内容主要包括：建立健全安全生产责任制，纵向到底，横向到边，不留死角；建立安全生产规章制度；建立安全生产管理网络，安全生产和职业卫生操作规程；建立安全培训教育、安全活动、安全检查、隐患整改指令台账及安全生产例会等各种会议记录；开展应急救援与伤亡事故调查处理等。

（2）安全现场标准化

通过现场标准化的实施，实现人、机、环境的合理匹配，使安全生产管理达到最佳状态。其内容主要包括：现场安全装备系列化，生产场所安全化，管线吊装艺术化，现场定置科学化，作业牌板、安全标志规范化，文明生产管理标准化，要害部位管理标准化，现场应急有效化等。

（3）岗位安全操作标准化

一是建立、完善安全生产和职业卫生操作规程，保证人在生产操作中不受伤害。二是作业姿势、作业方法要保证人的身体健康。三是在作业环境中存在各种有毒有害因素时，明确作业者必须穿戴的防护用具（用品）以及处置办法。其内容主要包括：现场作业人、岗、证三对口，现场作业反"三违"，正确使用安全设备、个人防护用具，特殊作业管理，岗位作业标准等。

（4）过程控制标准化

从安全角度看，过程控制的核心是控制人的不安全行为和物的不安全状态，其控制方式可以分为预防控制、更正性控制、行为过程控制和事故控制。其主要内容包括：一是过程的确认。首先应分析、确认过程中是否存在危险、有害因素，应当采取的措施。确认的内容一般应包括：作业准备的确认、作业方法的确认、设备运行的确认、关闭设备的确认、多人作业的确认等。一般采用检查表、流程图、监护指挥、模拟操作等确认方法。二是程序的制定。过程控制必须通过程序来完成，如设计程序、项目审批程序、检查程序、监护程序、隐患查处程序、救护应急程序等。

8. 职业健康安全管理体系与安全生产标准化的不同点

（1）职业健康安全管理体系采取自愿原则，安全生产标准化采取强制原则

职业健康安全管理体系是通过周而复始地进行 PDCA 循环，即"计划、行动、监察、改进"活动，使体系功能不断加强。企业在实施管理时应始终保持持续改进意识，对职业健康管理体系进行不断修正和完善，最终实现预防、控制人身及健康伤害的目标。企业是否实施推荐性国家标准《职业健康安全管理体系 要求》（GB/T 28001—2011），是否进行职业健康安全管理体系认证，取决于企业自身意愿。

安全生产标准化要求企业具有健全、科学的安全生产责任制、规章制度与操作规程，并通过实施严格管理，使企业各个生产岗位、生产环节的安全质量工作符合有关安全生产法律法规、标准规范要求，使生产始终处于安全状态，以适应企业发展的需要，满足广大从业人员对自身安全和文明生产的愿望。《国务院关于进一步加强企业安全生产工作的通知》（国发〔2010〕23号）明确指出："全面开展安全达标。深入开展以岗位达标、专业达标和企业达标为内容的安全生产标准化建设，凡在规定时间内未实现达标的企业要依法暂扣其生产许可证、安全生产许可证，责令停产整顿；对整改逾期未达标的，地方政府要依法予以关闭。"

（2）职业健康安全管理体系是管理方法，安全生产标准化是管理标准

职业健康安全管理体系是一套企业管理的行为和程序，表达了组织对职业安全健康进行管理的思想和规范。职业健康安全管理体系主要强调系统化的健康安全管理思想，通过建立一整套职业安全健康保障机制，控制和降低职业安全健康风险，最大限度地减少生产安全事故和职业危害的发生，是与质量管理体系、环境管理体系并列的管理体系之一，与组织的其他活动及整体的管理是相容的。

安全生产标准化是一项标准，分为基础管理评价、现场设备设施安全评价、作业环境与职业健康评价3部分，对每项管理活动、每台设备、每个作业环境的评价都有明确的量值规定，据此判定企业是否达到安全生产标准。

（3）职业健康安全管理体系对认证没有强制要求，安全生产标准化对认证有强制要求

职业健康安全管理体系适用于所有行业，旨在使企业能够控制职业安全健康风险并提升绩效，并未提出具体的绩效准则，也未作出设计管理体系的具体规定，即无论这个企业是否为事故多发、频发企业，都可以建立职业健康安全管理体系。职业健康安全管理体系认证的主体可以是一个组织或组织中的某个单元，并未强制要求认证主体在法律上是一个独立的主体。职业健康安全管理体系认证是在中国国家认证认可监督管理委员会监督下进行的，若组织不需要获得第三方评审认证，可以依据推荐性国家标准《职业健康安全管理体系 要求》（GB/T 28001—2011）进行职业健康安全管理体系的建立和自我评价，而不一定获取认证证书。当然，在实际工作中，大部分企业的职业健康安全管理体系是由第三方评审认证的。

安全生产标准化制定了适用于各类型企业的行业标准，从开始的基础行业标准，逐渐补充完善延伸到各行各业。安全生产标准化采用百分制考核，分为三个等级：得分大于等于 90 分的，为一级；得分大于等于 75 分，小于 90 分的，为二级；得分大于等于 60 分，小于 75 分的，为三级。安全生产标准化是强制性的标准，要求企业必须在一定时间内通过该行业的安全生产标准化评审，并经专门机构评审，以及国家安全生产监督管理总局批准，方可通过。

（4）职业健康安全管理体系侧重体系文件建设，安全生产标准化侧重现场设备设施达标

职业健康安全管理体系需要有体系文件进行支撑，体系中各个要素需要体系文件作为管理和支撑基础，如危险源辨识与评价、法律法规的识别与获取等。建立职业健康管理体系的企业应在内部建立一套相对完整的体系文件，包括管理手册、程序文件、三级文件（包括作业指导书等）在内的 3 个层级的体系文件，而且对管理文件和记录的管理也有一定的要求。虽然职业健康安全管理体系没有

对管理手册的编制进行强制要求，但是关于职能的归属、管理者代表的任命、各要素之间关系的表述等都需要管理手册来描述。因此，体系文件的建设非常关键，也体现了企业对职业健康安全管理所要达到绩效的期望值。

安全生产标准化注重现场设备设施的达标。体系文件建设虽然是达标的一部分，但占比很小，关键是现场设备设施是否达标。

（5）职业健康安全管理体系重点关注人的安全和健康，安全生产标准化关注与安全有关的人、财、物

对人的安全和健康的关注是职业健康安全管理体系的目标和重点，以人为本，从关注人的安全扩展到关注人的健康，即从关注职业病发展到关注职业伤害，从关注人的行为健康发展到关注人的心理健康。

安全生产标准化关注安全的各个方面，即人的伤害、物的损耗、财产的损失，只要是与安全相关的损害都是安全生产标准化所关注的。

9. 职业健康安全管理体系与安全生产标准化的相同点

（1）两者都强调预防为主、持续改进以及动态管理

建立职业健康安全管理体系是企业安全管理从传统的经验型向现代化管理转变的具体体现，是安全管理从事后查处的被动型管理向事前预防的主动型管理转变的重要途径。通过建立职业健康安全管理体系，利用"危险源辨识，风险评价，风险控制"的科学方法和动态管理，可进一步明确重大事故隐患和重大危险源。通过持续

改进，加强对重大事故隐患和重大危险源的治理和整改，降低职业安全风险，不断改善生产现场作业环境，将企业的有限资源合理利用在风险高的地方。

安全生产标准化通过"开展危险源辨识、评价与管理，以及对重要危险源制定应急预案"，从源头上加强对职业风险的管理，采用动态管理方式，降低事故的发生概率，体现了"安全第一，预防为主，综合治理"的方针。侧重现场设备设施达标，依照法律法规和标准规范，涉及安全生产的所有方面，提出了具体和翔实的数量和质量要求，为安全管理设定了清晰的界限和严格的标准。

（2）两者都强调遵守法律法规和标准规范

我国已建成完善的安全生产法律体系，对强化安全生产监督管理，规范生产经营企业和从业人员的安全生产行为，维护人民群众的生命安全，保障生产经营活动顺利进行，促进经济发展和社会稳定具有重大而深远的意义。2014年2月，十二届全国人大常委会第七次会议分组审议了《安全生产法》修正案草案，对落实企业责任、强化政府监管、加大惩戒力度等提出了新的要求。

安全生产标准化的考评条款根据相关法律法规及标准规范，以及与安全健康有关的规定编制，企业开展安全生产标准化活动，就是以法律法规和标准规范为基础，把安全生产工作纳入法制范畴。法律法规和标准规范是预测、衡量生产活动安全性、规范性、科学性的依据，是实现安全生产标准化的最基本保障。

遵守法律法规和标准规范也是职业健康安全管理体系的基本要求，企业通过管理、运行控制等活动确保满足法律法规和标准规范要求，并对遵守情况进行监督，这与安全生产标准化活动的意图完全吻合。

10. 职业健康安全管理体系与安全生产标准化的联系

（1）适用范围不断融合和补充

职业健康安全管理体系是以 ISO 9000 系列标准为基础制定的，具有国际性，自愿性强，适用于各个行业，是一种模式和方法，强调事前控制和过程管理，对效果并没有具体要求，开放程度高，适用范围广。

安全生产标准化是我国经过不断补充和完善形成的成熟的安全生产管理手段，具有中国特色，符合我国国情，对安全生产具有实际指导意义。根据行业特点制定的不同行业的安全标准，具有很强的针对性，跨行业进行评审的难度较大。评审包括基础管理评审、设备设施安全评审、作业环境与职业健康评审等，其中基础管理评审是较为通用的部分，而其他评审的行业差别比较大。因此，在安全生产标准化评审中，应聘请行业专家参与。当跨行业评审认证时，对专家的经验和安全技术水平要求更高。安全生产标准化更多地注重结论和结果，以最终实际情况判定是否达标，各行业之间兼容性小。

相比之下，安全生产标准化是比较严格、强制和注重实际效果的。职业健康安全管理体系比较灵活、开放、非强制的，更加注重过程。职业健康安全管理体系与安全生产标准化互相补充，相互融合，可以更好地弥补各自缺陷，发挥优势，为现代企业不断提升安全管理水平开拓思路。

安全生产标准化是建立职业健康安全管理体系的核心和基础，

安全生产标准化相当于职业健康安全管理体系运行中的作业指导书，可以为危险源的辨识、运行控制、绩效提升提供方法和手段，使职业健康安全管理体系更有可操作性和实效性，有利于职业健康安全管理体系的有效运行。

（2）主动和被动相互依存，是一个事物的两个方面

在彼得·德鲁克现代管理学理论中，常将被管理人分为两种：理想化的人、需要被动约束的非理想化的人。理想化的人个人能动性比较高，能自觉自愿完成任务。非理想化的人需要法律和制度约束，不加强管理就会出现违规行为。职业健康安全管理体系与安全生产标准化也体现了这两种特征。

职业健康安全管理体系需要企业的管理人员和从业人员具有较高的安全、管理素质，以法律法规和标准规范为基础，把体系要求自觉与实际工作相衔接，以保证体系的正常运行。职业健康安全管理体系是主动积极地不断寻找最佳的安全管理手段，实现安全最优，这个过程是无止境的，并且没有外部因素的干预和压力，完全是一种自觉自愿的行为。

安全生产标准化被动性强，以法律法规和标准规范为底线，加强企业的安全管理，在某个区域或评价范围甚至可以达到相对的满分。但是一旦不达标，就会被一票否决，停业或停产。

企业应首先满足安全生产标准化这一基础性要求，在这个基础上，采用职业健康安全管理体系进一步提升安全管理水平，最终实现动态的安全管理，主动控制现有及未来的隐患，实现真正的安全无忧，这才是安全管理的最终目标。

（3）各有侧重，相互补充

安全生产标准化与职业健康安全管理体系工作内容大部分是相

通的。例如，对于危险化学品企业，安全生产标准化是强制实施的，而职业健康安全管理体系是推荐实施的。因此，危险化学品企业必须按照安全生产标准化开展工作并接受评审，若该危险化学品企业还通过了职业健康安全管理体系的第三方评审认证，要将两者进行有效整合管理，相互补充。

对于一些相冲突的内容，应以安全生产标准化要求为准。例如，在安全生产标准化中危险源辨识、评价是通过风险发生的可能性和严重程度进行衡量的，而职业健康安全管理体系评价是通过风险发生的可能性、严重程度及暴露在危险环境的频繁程度评价的。安全生产标准化与职业健康安全管理体系并不矛盾，只不过辨识评价方法略有不同，而且过程都是事先识别和评价危害，并提前制定预防措施以达到事前预防的目的，因此可直接采用安全生产标准化的评价方法。无论企业是否建立了职业健康安全管理体系，都应进行安全生产标准化建设。

在实际操作中，特别是一些已经建立了职业健康安全管理体系并运行多年的企业，有些安全管理手段并未有效运行，出现了认证与实际运行"两层皮"现象。究其原因：一是为认证而认证；二是人员能力和素质还不能满足职业健康安全管理体系的要求。真正做到职业健康安全管理体系有效运行的企业，其安全管理水平应能满足安全生产标准化的要求，即能达到可直接进行安全生产标准化评审申请的安全管理水平。否则，应有针对性地解决"两层皮"问题。在安全管理制度等软件方面，可以在职业健康安全管理体系原有管理体系文件的基础上，进行查漏补缺，做到管理标准化。在现场运行方面，对照相应专业评定标准，进一步达到操作标准化、现场标准化的要求，使安全生产标准化建设与职业健康安全管理体系有效融合，成为一套企业安全生产管理行之有效的方法和系统。

对于管理标准较多的企业，要注意各类标准的相互融合，相互弥补，尽量减少多体系形成大量文件的繁杂流程，理清脉络，取长补短，既做到全面、系统，又要互相兼顾，有效地避免"两层皮"现象。

11. 安全生产标准化的 PDCA 运行模式

（1）PDCA 运行模式

PDCA 运行模式又叫 PDCA 循环，是美国质量管理专家休哈特博士首先提出的，由戴明采纳、宣传，获得普及，所以又称戴明环。全面质量管理体系的思想基础和方法依据就是 PDCA 循环。PDCA 循环的含义是将质量管理分为 4 个阶段，即策划（Plan）、执行（Do）、检查（Check）、调整（Action）。在质量管理活动中，要求各项工作按照作出计划、计划实施、检查实施效果的步骤执行，然后将成功的纳入标准，不成功的留待下一循环解决。这一工作方法，就是质量管理的基本方法，也是企业管理各项工作的一般规律。

企业安全生产标准化和职业健康安全管理体系均采取闭环持续改进的建设、实施与保持方法，即管理上采取 PDCA 循环的方法以促进系统持续健康发展。在安全生产标准化体系建设与运行中，PDCA 运行模式如图 2—1 所示，包括策划、实施与运行、检查和改进 4 个部分。PDCA 模式是一个动态的、不断变化的、螺旋式上升的模式，它适用于企业安全生产标准化的所有过程。关于 PDCA 的含义简要说明如下：

策划：建立所需的目标和过程，以实现企业的安全生产标准化体系建设目标所期望的结果。

实施与运行：对企业安全生产标准化建设过程予以实施。

检查：根据企业安全生产标准化建设的目标、指标以及法律法规和其他要求，对过程进行监测和测量，并报告其结果。

改进：采取措施，以持续改进企业安全生产标准化管理体系的绩效。

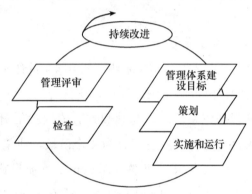

图2—1　企业安全生产标准化建设与管理体系运行模式

（2）具体实施过程

1）P阶段。即根据企业建设安全生产标准化体系的总体追求，为提供今后的评审所得结果建立必要的目标和过程。

①分析企业安全生产管理与技术现状，找出问题。强调对现状的把握和发现问题的意识、能力，发现问题是解决问题的第一步，是分析问题的条件。

②确定安全生产管理与技术的目标责任，分析产生问题的原因。找准问题后分析产生问题的原因至关重要，运用安全生产管理的各种理论与科学方法，找出导致问题产生的所有原因。

③提出各种方案并确定最佳方案，区分主因和次因是有效解决问题的关键。其过程就是设立并验证假说，目的是从影响安全生产的一些因素或危险、有害因素中寻找好的风险管控方法、好的设备设施和操作环境等。然而，现实条件中不可能实施所有想到的实验方案，所以在提出各种方案后应优选并确定出最佳的方案。

④制定安全标准化的管理对策和计划。确定方案后，其中的细节也不能忽视，应将方案步骤具体化，逐一制定对策，明确回答出方案中的"5W1H"，即为什么制定该措施（Why）、达到什么目标（What）、在何处执行（Where）、由谁负责完成（Who）、什么时间完成（When）、如何完成（How）。使用过程决策程序图或流程图，方案的具体实施步骤将会得到分解。

2）D阶段。即按照预定的计划、标准，根据已知的内外部信息，设计出具体的行动方法、方案，进行布局。再根据设计方案和布局，进行具体操作，努力实现预期目标的过程。

①方案设计及布局。安全生产制度化管理、现场管理等是设计出来的，设计和决策水平决定了本企业对安全生产标准化体系的执行力。

②对策的实验和验证。在这一阶段，必须对过程进行把控，确保安全生产标准化实施工作能够按计划进度实施。同时进行数据采集，收集过程的原始记录和数据等项目文档。

3）C阶段。即确认实施方案是否达到目标。

①效果检查，检查验证、评估效果。检查很重要，一般来说，在企业的安全生产管理中，部分从业人员只关心自己将被检查的工作。同时，安全生产标准化体系运行的各个建设要素也需要随时随地进行检查，以确保制定目标的正常实施。

②方案是否有效、目标是否完成，需要进行效果检查后才能得

出结论。将采取的对策进行确认后，对采集到的证据进行总结分析，把完成情况同目标值进行比较，看是否达到了预定的目标。如果没有出现预期的结果，应该确认是否严格按照计划实施对策，如果是，就意味着对策失败，需要重新进行最佳方案的确定。

4）A阶段。即以改进的方式将安全生产标准化系统运行标准化，固定实施成绩。运行的标准化是维持企业安全生产标准化体系实施效果不下滑，积累、沉淀经验的最好方法，也是企业管理安全生产标准化体系水平不断提升的基础。对已被证明的有成效的措施，要进行标准化，制定成工作标准，以便以后的执行和推广。

此阶段的目的是不断改进，总结问题，处理遗留问题。所有问题不可能在一个PDCA循环中全部解决，遗留的问题会自动转进下一个PDCA循环，如此，周而复始，安全生产标准化体系得以健康持续地发展。

本阶段是PDCA循环的关键之一。因为改进阶段就是解决存在问题，总结经验和吸取教训的阶段。该阶段的重点又在于修订标准，包括技术标准和管理制度。没有标准化和制度化，就不可能使PDCA循环转动向前。

12.《企业安全生产标准化基本规范》的制定与修订

2010年4月15日，国家安全生产监督管理总局发布了安全生产行业标准《企业安全生产标准化基本规范》，标准编号为AQ/T 9006—2010，自2010年6月1日起实施。该标准的制定，意味着我国企业的安全生产标准化工作正式得到规范。

自标准实施以来，国家安全生产监督管理总局高度重视企业安全生产标准化工作的推动、实施，在各级安全监督管理部门和相关行业管理部门的大力推动下，广大企业积极开展安全生产标准化创建工作。经不断探索与实践，企业安全生产标准化工作在增强安全发展理念、强化安全生产红线意识、夯实企业安全生产基础、推动落实企业安全生产主体责任、提升安全生产管理水平等方面发挥了重要作用，取得了显著成效。特别是《安全生产法》已将推进企业安全生产标准化建设写入法律条文，成为企业的法定职责。企业安全生产标准化建设越来越受到企业的重视，成为提高企业本质安全、推进隐患排查治理和风险防控的基本措施。越来越受到各级党委政府的重视，成为衡量企业负责人是否履行安全生产主体责任的重要依据。为进一步引导推动广大企业自主开展安全生产标准化建设，建立安全生产管理体系，健全完善安全生产长效机制，提升企业安全生产管理水平，该标准被列为国家标准修订、实施。

2017 年 4 月 1 日，新版国家标准《企业安全生产标准化基本规范》（GB/T 33000－2016）（以下简称《基本规范》）正式实施。该标准由国家安全生产监督管理总局提出，全国安全生产标准化技术委员会归口，中国安全生产协会负责起草。该标准实施后，安全生产行业标准《企业安全生产标准化基本规范》（AQ/T 9006－2010）废止。

13. 新版《基本规范》的主要特点

新版《基本规范》在总结企业安全生产标准化建设工作实践经验的基础上，突出体现 3 个主要特点：

（1）突出了企业安全管理系统化要求

新版《基本规范》贯彻落实国家法律法规、标准规范的有关要

求，进一步规范从业人员的作业行为，提升设备现场本质安全水平，促进风险管理和隐患排查治理工作，有效夯实企业安全基础，提升企业安全管理水平。新版《基本规范》更加注重安全管理系统的建立、有效运行并持续改进，引导企业自主进行安全管理。

（2）调整了企业安全生产标准化管理体系的核心要素

为使一级要素的逻辑结构更具系统性，新版《基本规范》将原13个一级要素梳理为8个：目标职责、制度化管理、教育培训、现场管理、安全风险管控及隐患排查治理、应急管理、事故管理和持续改进。新版《基本规范》强调了落实企业领导层责任、全员参与、构建双重预防机制等安全管理核心要素，指导企业实现安全健康管理系统化、岗位操作行为规范化、设备设施本质安全化、作业环境器具定置化，并持续改进。

（3）提出安全生产与职业健康管理并重的要求

《中共中央　国务院关于推进安全生产领域改革发展的意见》中要求，企业对本单位安全生产和职业健康工作负全面责任，要严格履行安全生产法定责任，建立健全自我约束、持续改进的内生机制。建立企业全过程安全生产和职业健康管理制度，坚持管安全生产必须管职业健康。新版《基本规范》将安全生产与职业健康要求一体化，强化企业职业健康主体责任的落实，同时实现了企业安全生产标准化体系与国际通行的职业健康管理体系的对接。

新版《基本规范》作为企业安全生产管理体系建立的重要依据，以国家标准发布实施，将在企业安全生产标准化实践中发挥积极的推动作用，指导和规范广大企业自主进行安全管理，深化企业安全生产标准化建设成效，引导企业科学发展、安全发展，做到安全不是"投入"而是"投资"，实现企业生产质量、效益和安全的有机统一，产生广泛而实际的社会效益和经济效益。

14. 《基本规范》的适用范围与相关重要标准

（1）适用范围

《基本规范》规定了企业安全生产标准化管理体系建立、保持与评定的原则和一般要求，以及目标职责、制度化管理、教育培训、现场管理、安全风险管控及隐患排查治理、应急管理、事故管理和持续改进8个体系的核心技术要求。

《基本规范》适用于工矿企业开展安全生产标准化建设工作，有关行业制修订安全生产标准化标准、评定标准，以及对标准化工作的咨询、服务、评审、科研、管理和规划等。其他企业和生产经营单位等可参照执行。

（2）相关的重要标准

《基本规范》引用了相关标准，这些标准对规范的应用必不可少。下列文件中，凡是注日期的引用文件，仅注日期的版本适用于本规范。凡是不注日期的引用文件，其最新版本（包括所有的修改单）适用于本规范。

GB 2893 安全色

GB 2894 安全标志及其使用导则

GB 5768（所有部分）道路交通标志和标线

GB 6441 企业职工伤亡事故分类

GB 7231 工业管道的基本识别色、识别符号和安全标识

GB/T 11651 个体防护装备选用规范

GB 13495.1 消防安全标志第一部分：标志

GB/T 15499 事故伤害损失工作日标准

GB 18218 危险化学品重大危险源辨识

GB/T 29639 生产经营单位生产安全事故应急预案编制导则

GB 30871 化学品生产单位特殊作业安全规范

GB 50016 建筑设计防火规范

GB 50140 建筑灭火器配置设计规范

GB 50187 工业企业总平面设计规范

AQ 3035 危险化学品重大危险源安全监控通用技术规范

AQ/T 9004 企业安全文化建设导则

AQ/T 9007 生产安全事故应急演练指南

AQ/T 9009 生产安全事故应急演练评估规范

GBZ 1 工业企业设计卫生规范

GBZ 2.1 工作场所有害因素职业接触限值第一部分：化学有害因素

GBZ 2.2 工作场所有害因素职业接触限值第一部分：物理因素

GBZ 158 工作场所职业病危害警示标识

GBZ 188 职业健康监护技术规范

GBZ/T 203 高毒物品作业岗位职业病危害告知规范

15.《基本规范》的一般要求

（1）原则

企业开展安全生产标准化工作，应遵循"安全第一，预防为主，综合治理"的方针，落实企业主体责任。以安全风险管理、隐患排查治理、职业病危害防治为基础，以安全生产责任制为核心，建立安全生产标准化管理体系，全面提升安全生产管理水平，持续改进安全生产工作，不断提升安全生产绩效，预防和减少事故的发生，保障人身安全健康，保证生产经营活动的有序进行。

（2）建立和保持

企业应采用"策划、实施、检查、改进"的"PDCA"动态循环模式，依据相关标准的规定，结合企业自身特点，自主建立并保持安全生产标准化管理体系。通过自我检查、自我纠正和自我完善，构建安全生产长效机制，持续提升安全生产绩效。

（3）自评和评审

企业安全生产标准化管理体系的运行情况，采用企业自评和评审单位评审的方式进行评估。

16.《基本规范》的核心要素

《基本规范》内容全面，共有 8 个体系的核心技术要求，实现了安全管理、安全现场环境、岗位操作和过程控制标准化的闭环建设与管理。该标准具体的核心技术要求（以下简称核心要素）见表 2—1。

表 2—1　　　　　　　《基本规范》的核心要素

序号	要素		
	一级核心要素	二级核心要素	三级核心要素
1	目标职责	目标	
		机构和职责	机构设置
			主要负责人及领导层职责

续表

序号	要素		
	一级核心要素	二级核心要素	三级核心要素
1	目标职责	全员参与	
		安全生产投入	
		安全文化建设	
		安全生产信息化建设	
2	制度化管理	法规标准识别	
		规章制度	
		操作规程	
		文档管理	记录管理
			评估
			修订
3	教育培训	教育培训管理	
		人员教育培训	主要负责人和安全管理人员
			从业人员
			外来人员
4	现场管理	设备设施管理	设备设施建设
			设备设施验收
			设备设施运行
			设备设施检维修
			检测检验
			设备设施拆除、报废
		作业安全	作业环境和作业条件
			作业行为

续表

序号	要素		
	一级核心要素	二级核心要素	三级核心要素
4	现场管理	作业安全	岗位达标
			相关方
		职业健康	基本要求
			职业危害告知
			职业病危害项目申报
			职业病危害检测与评价
		警示标志	
5	安全风险管控及隐患排查治理	安全风险管理	安全风险辨识
			安全风险评估
			安全风险控制
			变更管理
		重大危险源辨识和管理	
		隐患排查治理	隐患排查
			隐患治理
			验收与评估
			信息记录、通报和报送
			预测预警
6	应急管理	应急准备	应急救援组织
			应急预案
			应急设施、装备、物资

续表

序号	要素		
	一级核心要素	二级核心要素	三级核心要素
6	应急管理	应急准备	应急演练
			应急救援信息系统建设
		应急处置	
		应急评估	
7	事故管理	报告	
		调查和处理	
		管理	
8	持续改进	绩效评定	
		持续改进	

第三章

安全生产标准化建设核心内容

17. 制定目标

　　企业应根据自身安全生产实际，制定文件化的总体和年度安全生产与职业卫生目标，并将其纳入企业总体生产经营目标。明确目标的制定、分解、实施、检查、考核等环节要求，并按照所属基层单位和部门在生产经营活动中所承担的职能，将目标分解为指标，确保落实。

　　企业应定期对安全生产与职业卫生目标、指标实施情况进行评估和考核，并结合实际及时进行调整。

　　企业的安全生产和职业卫生目标管理是指企业在一个时期内，根据国家有关要求，结合自身实际，制定安全生产和职业卫生目标、层层分解，明确责任、落实措施，定期考核、奖惩兑现，达到现代安全生产和职业卫生目的的科学管理方法。因此，企业应制定对安全生产和职业卫生目标的管理制度，从制度层面规定其从制定、分解到实施、考核等所有环节的要求，保证目标执行的闭环管理。其范围应包括企业的所有部门、所属单位和全体员工。该制度可以单独建立，也可以和其他目标的制度融合在一起。通过职业健

康安全管理体系认证的企业，有"方针和目标控制程序"的程序文件，一般比较抽象，不具体，操作性不强，不能满足环节内容的要求，需要修订。

企业应按照安全生产和职业卫生目标管理制度的要求，制定具体的年度目标。各企业具体的目标不尽相同，但应该是合理的，可以实现的。

18. 机构和职责

（1）机构设置

企业应落实安全生产组织领导机构，成立安全生产委员会，并应按照有关规定设置安全生产和职业卫生管理机构，或配备相应的专职或兼职安全生产和职业卫生管理人员，按照有关规定配备注册安全工程师，建立健全从管理机构到基层班组的管理网络。

1）企业成立安全生产委员会没有法律法规强制性要求，但是安全生产和职业卫生工作涉及企业生产和管理各个环节，因此，企业有必要成立安全生产委员会，以协调顺利进行安全生产和职业卫生各项管理制度的建立和执行。企业的安全生产委员会是本企业安全生产的组织领导机构，应由企业主要负责人和分管安全生产与职业卫生的领导人担任领导层，成员包括企业其他部门分管领导和有关部门的主要负责人。企业安全生产委员会可设立办公室或办事机构，一般设立在企业安全生产和职业卫生管理机构内，负责处理安全生产委员会日常事务。

安全生产委员会主要职责：全面负责企业安全生产和职业卫生的管理工作，研究制订安全生产和职业卫生技术措施和劳动保护计划，实施安全生产和职业卫生检查和监督，调查处理安全生产和职业卫生事故等工作。

2）企业安全生产和职业卫生管理机构、人员及其职责。根据法律法规的有关规定，企业安全生产和职业卫生管理机构的设置应满足以下要求：

矿山、金属冶炼、建筑施工、道路运输单位和危险物品的生产、经营、储存单位，应当设置安全生产管理机构或者配备专职安全生产管理人员。

其他生产经营单位，从业人员超过 100 人的，应当设置安全生产和职业卫生管理机构或者配备专职安全生产和职业卫生管理人员。从业人员在 100 人以下的，应当配备专职或者兼职的安全生产和职业卫生管理人员。

企业安全生产和职业卫生管理机构是指生产经营单位中专门负责安全生产和职业卫生监督管理的内设机构。安全生产和职业卫生管理人员是指生产经营单位从事安全生产和职业卫生管理工作的专职或者兼职人员。在生产经营单位专门从事安全生产和职业卫生管理工作的人员就是专职的安全生产和职业卫生管理人员。在生产经营单位既承担其他工作职责、工作任务，同时又承担安全生产和职业卫生管理职责的人员则为兼职安全生产和职业卫生管理人员。

企业的安全生产和职业卫生管理机构以及安全生产和职业卫生管理人员履行的职责有：组织或者参与拟订本单位安全生产和职业卫生规章制度、操作规程及生产安全和职业卫生事故应急救援预案；组织或者参与本单位安全生产和职业卫生教育和培训，如实记录安全生产和职业卫生教育和培训情况；督促落实本单位重大危险源的安全管理措施；组织或者参与本单位应急救援演练；检查本单

位的安全生产和职业卫生状况，及时排查生产安全和职业卫生事故隐患，提出改进安全生产和职业卫生管理的建议；制止和纠正"三违"，即违章指挥、强令冒险作业、违反操作规程的行为；督促落实本单位安全生产和职业卫生整改措施；组织或者参与本单位安全生产和职业卫生责任制的考核，提出健全完善安全生产和职业卫生责任制的建议；督促落实本单位安全生产和职业卫生风险管控措施和重大事故隐患整改治理措施；组织本单位安全生产和职业卫生检查，对检查发现的问题及生产安全和职业卫生事故隐患按照有关规定进行处理，并形成书面记录备查；法律法规规定的其他安全生产和职业卫生工作职责。

3）企业注册安全工程师的设置。危险物品的生产、储存单位以及矿山、金属冶炼单位应当有注册安全工程师从事安全生产和职业卫生管理工作。鼓励其他生产经营单位聘用注册安全工程师从事安全生产和职业卫生管理工作。

（2）主要负责人及管理层职责

企业主要负责人全面负责安全生产和职业卫生工作，并履行相应责任和义务。分管负责人应对各自职责范围内的安全生产和职业卫生工作负责。各级管理人员应按照安全生产和职业卫生责任制的相关要求，履行其安全生产和职业卫生职责。

其中，企业主要负责人的安全生产和职业卫生职责有：建立健全本单位安全生产和职业卫生责任制；组织制定本单位安全生产和职业卫生规章制度和操作规程；组织制订并实施本单位安全生产和职业卫生教育和培训计划；保证本单位安全生产和职业卫生投入的有效实施；督促、检查本单位的安全生产和职业卫生工作，及时消除生产安全和职业卫生事故隐患；组织制定并实施本单位的生产安全和职业卫生事故应急救援预案；及时、如实报告生产安全和职业卫生事故；负责本单位安全生产和职业卫生责任制的监督考核；定期研究安全生产和职业卫生工作，向职工代表大会、职工大会报告安全生产和职业卫生情况；建立健全本单位安全生产和职业卫生风险分级管控及生产安全和职业卫生事故隐患排查治理工作机制；推进本单位安全文化建设；配合有关人民政府或者部门开展生产安全和职业卫生事故调查，落实事故防范和整改措施。

19. 建立健全全员参与的责任制

企业应建立健全安全生产和职业卫生责任制，明确各级部门和从业人员的安全生产和职业卫生职责，并对职责的适宜性、履行情况进行定期评估和监督考核。

企业应为全员参与安全生产和职业卫生工作创造必要的条件，建立激励约束机制，鼓励从业人员积极建言献策，营造自下而上、自上而下全员重视安全生产和职业卫生的良好氛围，不断改进和提升安全生产和职业卫生管理水平。

安全生产和职业卫生责任制是指根据我国的安全生产方针"安全第一，预防为主，综合治理"和安全生产和职业卫生法规以及"管生产的同时必须管安全"这一原则，建立的各级领导、职能部门、工程技术人员、岗位操作人员在劳动生产过程中对安全生产和职业卫生层层负责的制度，是将以上所列的各级负责人员、各职能部门及其工作人员和各岗位生产人员在安全生产和职业卫生方面应做的事情和应负的责任加以明确规定的一种制度。安全生产和职业卫生责任制是企业岗位责任制的一个组成部分，是企业中最基本的

一项安全制度，也是企业安全生产和职业卫生管理制度的核心。实践证明，凡是建立健全了安全生产和职业卫生责任制的企业，各级领导重视安全生产和职业卫生工作，切实贯彻执行党的安全生产和职业卫生方针、政策和国家的安全生产和职业卫生法规，在认真负责地组织生产的同时，积极采取措施，改善劳动条件，工伤事故和职业性疾病就会减少。反之，就会职责不清，相互推诿，而使安全生产和职业卫生工作无人负责，无法进行，工伤事故与职业病就会不断发生。

安全生产和职业卫生责任制纵向方面，即从上到下所有类型人员的安全生产和职业卫生职责。在建立责任制时，可首先将本单位从主要负责人一直到岗位工人分成相应的层级；然后结合本单位的实际工作，对不同层级的人员在安全生产和职业卫生中应承担的职责作出规定。横向方面，即各职能部门（包括党、政、工、团）的安全生产和职业卫生职责。在建立责任制时，可按照本单位职能部门的设置（如安全、设备、计划、技术、生产、基建、人事、财务、设计、档案、培训、党办、宣传、工会、团委等部门），分别对其在安全生产和职业卫生中应承担的职责作出规定。

20. 安全生产投入

保证必要的安全生产投入是实现安全生产的重要基础。《安全生产法》规定，生产经营单位应当具备安全生产条件所必需的资金投入。生产经营单位必须安排适当的资金，用于改善安全设施，进行安全教育培训，更新安全技术装备、器材、仪器、仪表以及其他安全生产设备设施，以保证生产经营单位达到法律法规、标准规定的安全生产条件，并对由于安全生产所必需的资金投入不足导致的后果承担责任。

安全生产投入资金具体由谁来保证，应根据企业的性质而定。一般来说，股份制企业、合资企业等安全生产投入资金由董事会予以保证，一般国有企业由厂长或者经理予以保证，个体工商户等个体经济组织由投资人予以保证。上述保证人承担由于安全生产所必需的资金投入不足而导致事故后果的法律责任。安全生产投入主要包括以下几个方面：

（1）安全生产费用

为了进一步建立和完善安全生产投入的长效机制，在总结经验、广泛调研、征求意见基础上，财政部、安全生产监督管理总局对原有的《煤炭生产安全费用提取和使用管理办法》（财建〔2004〕119号）、《关于调整煤炭生产安全费用提取标准、加强煤炭生产安全费用使用管理与监督的通知》（财建〔2005〕168号）、《烟花爆竹生产企业安全费用提取与使用管理办法》（财建〔2006〕180号）和《高危行业企业安全生产费用财务管理暂行办法》（财企〔2006〕478号）进行了整合、修改、补充和完善，形成了统一的《企业安全生产费用提取和使用管理办法》（以下简称《办法》），以满足企业安全生产新形势的需求，进一步加强企业安全生产保障能力。《办法》在原有煤矿、非煤矿山、危险品、烟花爆竹、建筑施工、道路交通等行业基础上，进一步扩大适用范围，从六大行业扩展到九大行业，新增了冶金、机械制造、武器装备研制生产与试验三类行业（企业）。同时，提高了安全费用的提取标准，扩展了安全费用的使用方向，明确和细化了安全费用的使用范围，为企业安全生产提供了更加坚实的资金保障。安全费用使用不再局限于安全设

施，还包括安全生产条件项目及安全生产宣传教育和培训、职业危害预防、井下安全避险、重大危险源监控及隐患治理等预防性投入和减少事故损失的支出，扩展了安全费用对企业安全保障的空间，对企业安全生产发挥更大的促进作用。

（2）工伤保险缴费

工伤保险是指职工在生产劳动过程中或在规定的某些与工作密切相关的特殊情况下遭受意外伤害事故或罹患职业病导致死亡或不同程度地丧失劳动能力时，工伤职工或工亡职工近亲属能够从国家、社会得到必要的医疗救助和经济物质补偿。这种补偿既包括医疗所需、康复所需，也包括生活保障所需。

工伤会给职工带来痛苦，给家庭带来不幸，也对用人单位乃至国家不利，因此国家通过立法，强制实施工伤保险，规定属于覆盖范围的用人单位必须依法参加并履行缴费义务。

为强化不同工伤风险类别行业相对应的雇主责任，充分发挥缴费费率的经济杠杆作用，促进工伤预防，减少工伤事故，工伤保险实行行业差别费率，并根据用人单位工伤保险支缴率和工伤事故发生率等因素实行浮动费率。

在我国，工伤保险费由用人单位按时缴纳，职工个人不缴费。用人单位缴纳工伤保险费的数额为本单位职工工资总额与单位缴费费率之积。对难以按照工资总额缴纳工伤保险费的行业，其缴纳工伤保险费的具体方式，由国务院社会保险行政部门规定。

依据《中华人民共和国社会保险法》，《工伤保险条例》第二条规定："中华人民共和国境内的企业、事业单位、社会团体、民办非企业单位、基金会、律师事务所、会计师事务所等组织和有雇工的个体工商户（以下称用人单位）应当依照本条例规定参加工伤保险，为本单位全部职工或者雇工（以下称职工）缴纳工伤保险费。"

工伤保险费的缴费基数为本单位职工工资总额。用人单位一般以本单位职工上年度月平均工资总额为缴费基数。企业缴费基数低于统筹地区上年度社会月平均工资总额60％的，按60％征缴；高于统筹地区上年度社会月平均工资总额300％的，按300％征缴。

职工工资总额是指各类企业、有雇工的个体工商户直接支付给本单位全部职工的劳动报酬的总额。根据国家统计局的有关规定，工资总额的组成包括6个部分：计时工资、计件工资、奖金、津贴和补贴、加班加点工资和特殊情况下支付的工资。但工资总额不包括以下3个部分的费用：单位支付给劳动者个人的社会保险福利费用，如丧葬费、生活困难补助、计划生育补贴等；劳动保护方面的费用，如防暑降温费等；按规定未列入工资总额的各种劳动报酬和其他劳动收入，如稿酬、讲课费、资料翻译费等。

目前，我国的工伤保险制度已逐步形成工伤预防、工伤补偿、工伤康复三结合的模式，且企业和相关部门对工伤预防及工伤职工的职业康复等的关注程度不断提高。据有关部门的统计资料，现有的工伤事故和职业病中，80％是可以通过重视安全生产而避免的，说明事故预防工作可以有效地减少职业危害。我国工伤保险制度通过实行行业差别费率和浮动费率机制，以及在工伤保险基金中列支工伤预防费等措施，来促进用人单位加强工伤预防工作，减少工伤事故和职业病的发生，从而保护职工的生命安全和身体健康。

（3）安全生产责任保险

安全生产责任保险是在综合分析研究工伤社会保险、各种商业保险利弊的基础上，借鉴国际上一些国家通行的做法和经验，提出来的一种带有一定公益性质、采取政府推动、立法强制实施、由商业保险机构专业化运营的新的保险险种和制度。它的特点是强调各方主动参与事故预防，积极发挥保险机构的社会责任和社会管理功能，运用行业的差别费率和企业的浮动费率以及预防费用机制，实现安全与保险的良性互动。推进安全生产责任保险的目的是将保险的风险管理职能引入安全生产监管体系，实现风险专业化管理与安全监管监察工作的有机结合，通过强化事前风险防范，最终减少事故发生，促进安全生产，提高安全生产突发事件的应对处置能力。

1）参保企业及保险范围。原则上要求煤矿、非煤矿山、危险化学品、烟花爆竹、公共聚集场所等高危及重点行业推进安全生产责任保险。保险范围主要是事故死亡人员和伤残人员的经济赔偿、事故应急救援和善后处理费用。对伤残人员的赔偿，可参考有关部门鉴定的伤残等级确定不同的赔付标准，并在保险产品合同中载明。

2）保额的确定与调整。由各省（区、市）根据本地区的经济发展水平和安全生产实际状况分别制定统一的保额标准。目前，原则上保额的低限不得小于20万元/人。

3）费率的确定与浮动。首次安全生产责任保险的费率可以根据本地区确定的保额标准和本地区、行业前3年生产安全事故死亡、伤残的平均人数进行科学测算。各地区、行业安全生产责任保险的费率根据上年安全生产状况一年浮动一次。具体费率执行标准及费率浮动办法由省级安全生产监督管理部门和煤矿安全监察机构会同有关保险机构共同研究制定。

4）处理好安全生产责任保险与风险抵押金的关系。安全生产风险抵押金是安全生产责任保险的一种初级形式，在推进安全生产责任保险时，要按照《国务院关于保险业改革发展的若干意见》

（国发〔2006〕23号）文件要求继续完善这项制度。原则上企业可以在购买安全生产责任保险与缴纳风险抵押金中任选其一。已缴纳风险抵押金的企业可以在企业自愿的情况下，将风险抵押金转换成安全生产责任保险。未缴纳安全生产风险抵押金的企业，如果购买了安全生产责任保险，可不再缴纳安全生产风险抵押金。

5）有关保险险种的调整与转换。安全生产责任保险与工伤社会保险是并行关系，安全生产责任保险是对工伤社会保险的必要补充。安全生产责任保险与意外伤害保险、雇主责任保险等其他险种是替代关系。生产经营单位已购买意外伤害保险、雇主责任保险等其他险种的，可以通过与保险公司协商，适时调整为安全生产责任保险，或到期自动终止，转投安全生产责任保险。

21. 安全文化建设

企业应开展安全文化建设，确立本企业的安全生产和职业病危害防治理念及行为准则，并教育、引导全体人员贯彻执行。

企业安全文化是指被企业组织的员工群体所共享的安全价值观、态度、道德和行为规范组成的统一体，企业安全文化建设是通过综合的组织管理等手段，使企业的安全文化不断进步和发展的过程。

企业开展安全文化建设活动，应符合《企业安全文化建设导购》（AQ/T 9004—2008）的规定。

22. 安全生产信息化建设

当今经济社会各领域，信息已经成为重要的生产要素，渗透到生产经营活动的全过程，融入安全生产管理的各环节。安全生产信息化就是利用信息技术，通过对安全生产领域信息资源的开发利用和交流共享，提高安全生产管理水平，推动安全生产形势稳定好转。

企业应根据自身实际情况，利用信息化手段加强安全生产管理工作，开展安全生产电子台账管理、重大危险源监控、职业病危害防治、应急管理、安全风险管控和隐患自查自报、安全生产预测预警等信息系统的建设。

企业安全生产信息资源分为安全管理、监测监控、应急管理和职业卫生四大类，主要来源于企业内部安全生产各类业务运行所产生的数据资源。

（1）安全管理类数据

企业安全管理信息资源涉及安全生产标准化、隐患排查治理、培训教育管理和企业安全生产台账四大类。

1）安全生产标准化。此类信息资源主要包括安全生产标准化达标申请、安全生产标准化自评等信息。

2）隐患排查治理。此类信息资源主要包括隐患自查、隐患整改、隐患监督、隐患上报等信息。

3）培训教育。此类信息资源主要包括培训计划、培训材料、培训考试、培训考试成绩等信息。

4）企业安全生产台账。此类信息资源主要包括企业主要负责人台账，安全管理人员台账，安全生产管理资格培训台账，特种作业人员培训、考核、持证台账，特种设备台账，危险源（点）监控管理台账，消防器配置台账等信息。

（2）监测监控类数据

监测监控类数据主要包括以下两类：

1）重大危险源。此类信息资源主要包括重大危险源基本信息、备案、重大危险源地图等信息。

2）安全生产在线监测。此类信息资源主要包括企业安全生产环境的在线监测历史记录和实时数据、异常、预警等信息。

（3）应急管理类数据

应急管理类数据主要包括以下几类：

1）应急预案。此类信息资源主要包括企业和部门内部应急预案、应急预案备案结果等信息。

2）应急值守。此类信息资源主要包括值班信息、事件接报、事件处置、事件上报等信息。

3）应急资源。此类信息资源主要包括救援设施、救援物资、救援装备、救援力量等信息。

4）模拟演练。此类信息资源主要包括培训演练计划、演练过程记录、演练流程、演练效果评估等信息。

（4）职业卫生类数据

职业卫生类数据主要包括以下两类：

1）职业卫生管理。此类信息资源主要包含企业职业卫生档案、职业卫生培训、工作场所职业病危害因素检测结果等信息。

2）劳动用品。此类信息资源主要包括特种劳动防护用品、一般劳动防护用品的配备与使用情况等信息。

23. 法律法规识别与运用

（1）识别

企业应建立安全生产和职业卫生法律法规、标准规范的管理制度，明确主管部门，确定获取的渠道、方式，及时识别和获取适用、有效的法律法规、标准规范，建立安全生产和职业卫生法律法规、标准规范清单和文本数据库。

（2）运用

企业应将适用的安全生产和职业卫生法律法规、标准规范的相关要求转化为本单位的规章制度、操作规程，并及时传达给相关从业人员，确保相关要求落实到位。

企业应每年组织一次对适用的安全生产和职业卫生法律、法规、标准及其他要求进行符合性评价，消除违规现象和行为，从而确保公司和从业人员相关方能够按照法律法规的要求开展业务活动，保证安全生产和职业卫生。对于不符合的安全生产和职业卫生法律法规、标准及其他要求，要及时做出标识和处理。

24. 建立健全安全生产规章制度

企业安全生产和职业卫生规章制度是指企业依据国家有关法律法规、国家和行业标准，结合生产、经营的安全生产和职业卫生实际，以企业名义起草颁发的有关安全生产和职业卫生的规范性文件。一般包括规程、标准、规定、措施、办法、制度、指导意见等。

安全生产和职业卫生规章制度是企业贯彻国家有关安全生产和职业卫生法律法规、国家和行业标准，贯彻国家安全生产方针政策的行动指南，是企业有效防范生产、经营过程安全生产和职业卫生风险，保障从业人员安全和健康，加强安全生产和职业卫生管理的重要措施。

企业应建立健全安全生产和职业卫生规章制度，并征求工会及从业人员意见和建议，规范安全生产和职业卫生管理工作。

企业应确保从业人员及时获取制度文本。

企业安全生产和职业卫生规章制度包括但不限于下列内容：目标管理，安全生产和职业卫生责任制，安全生产承诺，安全生产投入，安全生产信息化，四新（新技术、新材料、新工艺、新设备设施）管理，文件、记录和档案管理，安全风险管理、隐患排查治理，职业病危害防治，教育培训，班组安全活动，特种作业人员管理，建设项目安全设施、职业病防护设施"三同时"管理，设备设施管理，施工和检维修安全管理，危险物品管理，危险作业安全管理，安全警示标志管理，安全预测预警，安全生产奖惩管理，相关方安全管理，变更管理，个体防护用品管理，应急管理，事故管理，安全生产报告，绩效评定管理。

25. 编制安全生产和职业卫生操作规程

（1）安全生产和职业卫生操作规程的定义

安全生产和职业卫生操作规程是为了保证安全生产而制定的，是操作者必须遵守的操作活动规则。它是根据企业的生产性质、机器设备的特点和技术要求，结合具体情况及群众经验制定出的安全

操作守则。安全生产操作规程是企业建立安全制度的基本文件，是进行安全教育的重要内容，也是处理伤亡事故的一种依据。安全生产和职业卫生操作规程是员工操作机器设备、调整仪器仪表和其他作业过程中，必须遵守的程序和注意事项。安全生产和职业卫生操作规程是企业规章制度的重要组成部分。操作规程规定了操作过程应该做什么，不该做什么，设施或者环境应该处于什么状态，是员工安全操作的行为规范。

（2）编制的依据

1）现行的国家、行业安全技术标准和规范、安全规程等。

2）设备的使用说明书、工作原理资料及设计、制造资料。

3）曾经出现过的危险、事故案例及与本项操作有关的其他不安全因素。

4）作业环境条件、工作制度、安全生产责任制等。

（3）内容

安全生产和职业卫生操作规程的内容应该简练、易懂、易记，条目的先后顺序力求与操作顺序一致。安全生产和职业卫生操作规程一般包括以下几项内容：

1）操作前的准备，包括操作前做哪些检查，机器设备和环境应该处于什么状态，应做哪些调查，准备哪些工具等。

2）劳动防护用品的穿戴要求和穿戴方法，应该和禁止穿戴的防护用品种类等。

3）操作的先后顺序、方式。

4）操作过程中机器设备的状态，如手柄、开关所处的位置等。

5）操作过程需要进行的测试和调整及其方法。

6）操作人员所处的位置和操作时的规范姿势。

7）操作过程中必须禁止的行为。

8）一些特殊要求。

9）异常情况的处理方法。

10）其他要求。

（4）总体要求

企业应按照有关规定，结合本企业生产工艺、作业任务特点以及岗位作业安全风险与职业病防护要求，编制齐全适用的岗位安全生产和职业卫生操作规程，发放到相关岗位员工，并严格执行。

企业应确保从业人员参与岗位安全生产和职业卫生操作规程的编制和修订工作。

企业应在新技术、新材料、新工艺、新设备设施投入使用前，组织制修订相应的安全生产和职业卫生操作规程，确保其适宜性和有效性。

26. 安全生产文档管理

（1）记录管理

安全生产和职业卫生档案记录反映企业安全生产管理的情况，同时也反映企业安全生产管理上的水平。档案的记录、整理和积累过程不但能起到支持查询和检索的功能，还能起到自我督促、强化安全生产管理的作用。安全生产和职业卫生档案应由企业指定专人负责，保证资料收集的及时、准确、齐全。

企业应建立文件和记录管理制度，明确安全生产和职业卫生规章制度、操作规程的编制、评审、发布、使用、修订、作废以及文件和记录管理的职责、程序和要求。

企业应建立健全主要安全生产和职业卫生过程与结果的记录，并建立和保存有关记录的电子档案，支持记录查询和检索，便于自身管理使用和行业主管部门调取检查。

（2）评估

企业应将目前现有的和修订的安全生产和职业卫生法律法规、标准规范、规章制度、操作规程发放到各相关部门，以规范从业人员的安全行为。同时，每1～3年至少应对现有的安全生产和职业卫生法律法规、标准规范、规章制度、操作规程进行一次评审，以便于需要时及时修订。

根据企业的发展情况及时制定适用的安全生产规章制度和岗位安全操作规程，在发生以下情况时，应及时对相关的规章制度或操作规程进行评审、修订，以保证即时性和适用性：

1）当国家安全生产法律法规、规程、标准废止、修订或新颁布时。

2）当企业归属、体制、规模发生重大变化时。

3）当生产设施新建、扩建、改建时。

4）当工艺、技术路线和装置配备发生变更时。

5）当上级安全生产监督管理部门提出相关整改意见时。

6）当安全检查、风险评估过程中发现涉及规章制度层面的问题时。

7）当分析重大事故和重复事故原因，出现制度性因素时。

8）其他事项，需要修订和评审时。

一般来说，应由企业安全生产和职业卫生管理小组负责组织相关管理人员、技术人员、操作人员和工会代表参加安全生产和职业卫生规章制度和操作规程的评审。

（3）修订

企业应根据评审结果，或根据生产工艺、技术、设备特点和原材料、辅助材料、产品的危险性变更，及时修订安全生产和职业卫生规章制度、操作规程，以规范从业人员的操作行为，控制风险，避免事故的发生。企业应根据生产情况以及工艺、原料、装置等的增加情况，及时对相关的岗位操作规程进行评审，需要时应进行修订，以确保规程的适用性和有效性。

新工艺、新技术、新装置投产前，企业相关部门应组织编制新的安全生产和职业卫生规章制度，并发放到有关的岗位，以指导工作。无论是新制定还是修订后的安全生产和职业卫生规章制度和岗位安全操作规程，除各部门使用落实外，均应提供副本存档。

修订后的安全生产和职业卫生规章制度和岗位安全操作规程应由企业主要负责人负责审批、签发。

27. 安全教育培训的管理

《安全生产法》规定，生产经营单位应当对从业人员进行安全生产教育和培训，保证从业人员具备必要的安全生产知识，熟悉有关的安全生产规章制度和安全操作规程，掌握本岗位的安全操作技能，了解事故应急处理措施，知悉自身在安全生产方面的权利和义务。未经安全生产教育和培训合格的从业人员，不得上岗作业。生产经营单位使用被派遣劳动者的，应当将被派遣劳动者纳入本单位从业人员统一管理，对被派遣劳动者进行岗位安全操作规程和安全操作技能的教育和培训。劳务派遣单位应当对被派遣劳动者进行必要的安全生产教育和培训。生产经营单位接收中等职业学校、高等

学校学生实习的，应当对实习学生进行相应的安全生产教育和培训，提供必要的劳动防护用品。学校应当协助生产经营单位对实习学生进行安全生产教育和培训。

企业应建立健全安全教育培训制度，按照有关规定进行培训。培训大纲、内容、时间应满足有关标准的规定。

企业安全教育培训应包括安全生产和职业卫生的内容。

企业应明确安全教育培训主管部门，定期识别安全教育培训需求，制订、实施安全教育培训计划，并保证必要的安全教育培训资源。

企业应如实记录全体从业人员的安全教育和培训情况，建立安全教育培训档案和从业人员个人安全教育培训档案，并对培训效果进行评估和改进。

28. 人员的安全教育培训

（1）主要负责人和管理人员

企业主要负责人及安全生产和职业卫生管理人员应当接受安全培训，具备与所从事的生产经营活动相适应的安全生产和职业卫生知识和管理能力。

1）企业主要负责人安全培训应当包括下列内容：

①国家安全生产方针、政策和有关安全生产和职业卫生的法律法规、规章及标准。

②安全生产和职业卫生管理基本知识、安全生产技术、安全生产专业知识。

③重大危险源管理、重大事故防范、应急管理和救援组织以及

事故调查处理的有关规定。

④职业危害及其预防措施。

⑤国内外先进的安全生产和职业卫生管理经验。

⑥典型事故和应急救援案例分析。

⑦其他需要培训的内容。

2）企业安全生产和职业卫生管理人员安全培训应当包括下列内容：

①国家安全生产方针、政策和有关安全生产和职业卫生的法律、法规、规章及标准。

②安全生产管理、安全生产技术、职业卫生等知识。

③伤亡事故统计、报告及职业危害的调查处理方法。

④应急管理、应急预案编制以及应急处置的内容和要求。

⑤国内外先进的安全生产和职业卫生管理经验。

⑥典型事故和应急救援案例分析。

⑦其他需要培训的内容。

企业主要负责人及安全生产和职业卫生管理人员初次安全培训时间不得少于 32 学时。每年再培训时间不得少于 12 学时。煤矿、非煤矿山、危险化学品、烟花爆竹、金属冶炼等企业主要负责人、安全生产和职业卫生管理人员初次安全培训时间不得少于 48 学时，每年再培训时间不得少于 16 学时。

（2）从业人员

企业应对从业人员进行安全生产和职业卫生教育培训，保证从业人员具备满足岗位要求的安全生产和职业卫生知识，熟悉有关的安全生产和职业卫生法律法规、规章制度、操作规程，掌握本岗位的安全操作技能和职业危害防护技能、安全风险辨识和管控方法，

了解事故现场应急处置措施，并根据实际需要，定期进行复训考核。

未经安全教育培训合格的从业人员，不应上岗作业。

煤矿、非煤矿山、危险化学品、烟花爆竹、金属冶炼等企业应对新上岗的临时工、合同工、劳务工、轮换工、协议工等进行强制性安全培训，保证其具备本岗位安全操作、自救互救以及应急处置所需的知识和技能后，方能安排上岗作业。

企业的新入厂（矿）从业人员上岗前应经过厂（矿）、车间（工段、区、队）、班组三级安全培训教育，岗前安全教育培训学时和内容应符合国家和行业的有关规定。

在新工艺、新技术、新材料、新设备设施投入使用前，企业应对有关从业人员进行专门的安全生产和职业卫生教育培训，确保其具备相应的安全操作、事故预防和应急处置能力。

从业人员在企业内部调整工作岗位或离岗一年以上重新上岗时，应重新进行车间（工段、区、队）和班组级的安全教育培训。

从事特种作业、特种设备作业的人员应按照有关规定，经专门安全作业培训，考核合格，取得相应资格后，方可上岗作业，并定期接受复审。

企业专职应急救援人员应按照有关规定，经专门应急救援培训，考核合格后，方可上岗，并定期参加复训。

其他从业人员每年应接受再培训，再培训时间和内容应符合国家和地方政府的有关规定。

生产经营单位新上岗的从业人员，岗前安全培训时间不得少于24学时。煤矿、非煤矿山、危险化学品、烟花爆竹、金属冶炼等生产经营单位新上岗的从业人员安全培训时间不得少于72学时，每年再培训的时间不得少于 20 学时。

特种作业人员上岗前，必须进行专门的安全技术和操作技能的教育培训，增强其安全生产意识，获得证书后方可上岗。特种作业人员的培训实行全国统一培训大纲、统一考核教材、统一证件的制度。特种作业人员安全技术考核包括安全技术理论考试与实际操作技能考核两部分，以实际操作技能考核为主。《特种作业人员操作证》由国家统一印制，地、市级以上行政主管部门负责签发，全国通用。离开特种作业岗位达 6 个月以上的特种作业人员，应当重新进行实际操作考核，经确认合格后方可上岗作业。取得《特种作业人员操作证》者，每两年进行一次复审。连续从事本工种 10 年以上的，经用人单位进行知识更新教育后，每 4 年复审 1 次。复审的内容包括健康检查、违章记录、安全新知识和事故案例教育、本工种安全知识考试。未按期复审或复审不合格者，其操作证自行失效。

（3）外来人员

企业应对进入企业从事服务和作业活动的承包商、供应商的从业人员和接收的中等职业学校、高等学校实习生，进行入厂（矿）安全教育培训，并保存记录。

外来人员进入作业现场前，应由作业现场所在单位对其进行安全教育培训，并保存记录。主要内容包括外来人员入厂（矿）有关安全规定、可能接触到的危害因素、所从事作业的安全要求、作业安全风险分析及安全控制措施、职业病危害防护措施、应急知识等。

企业应对进入企业检查、参观、学习等的外来人员进行安全教育，主要内容包括安全规定、可能接触到的危险有害因素、职业病

危害防护措施、应急知识等。

29. 设备设施的管理

（1）设备设施建设

企业总平面布置应符合国家标准《工业企业总平面设计规范》（GB 50187—2012）的规定，建筑设计防火和建筑灭火器配置应分别符合国家标准《建筑设计防火规范》（GB 50016—2014）和《建筑灭火器配置设计规范》（GB 50140—2005）的规定。建设项目的安全设施和职业病防护设施应与建设项目主体工程同时设计、同时施工、同时投入生产和使用。

企业应按照有关规定进行建设项目安全生产、职业病危害评价，严格履行建设项目安全设施和职业病防护设施设计审查、施工、试运行、竣工验收等管理程序。

"三同时"制度是指一切新建、改建、扩建的基本建设项目（工程）、技术改造项目（工程）、引进的建设项目，其职业安全卫生设施必须符合国家规定的标准，必须与主体工程同时设计、同时施工、同时投入生产和使用。职业安全卫生设施是指为了防止生产安全事故的发生，而采取的消除职业危害因素的设备、装置、防护用具及其他防范技术措施的总称，主要包括安全、卫生设施、个体防护措施和生产性辅助设施。

（2）设备设施验收

企业应执行设备设施采购、到货验收制度，购置、使用设计符合要求、质量合格的设备设施。设备设施安装后企业应进行验收，并对相关过程及结果进行记录。

设备安装单位必须建立设备安装工程资料档案，并在验收后30日内将有关技术资料移交使用单位，使用单位应将其存入设备的安全技术档案。相关资料包括合同或任务书、设备的安装及验收资料、设备的专项施工方案和技术措施。

设备到货验收时，必须认真检查设备的安全性能是否良好，安全装置是否齐全、有效，还需查验厂家出具的产品质量合格证、设备设计的安全技术规范，检查安装及使用说明书等资料是否齐全。对于特种施工设备，除具备上述条件外，还必须有国家相关部门出具的检测报告。

各种设备验收，应备下列技术文件：设备安装、拆卸及试验图示程序和详细说明书，各安全保险装置及限位装置调试和说明书，维修保养及运输说明书，安装操作规程，生产许可证（国家已经实行生产许可的设备）产品鉴定证书、合格证书，配件及配套工具目录，其他注意事项。

设备安装后应能正常使用，符合有关规定和使用技术要求等。

（3）设备设施运行

企业应对设备设施进行规范化管理，建立设备设施管理台账。

企业应有专人负责管理各种安全设施以及检测与监测设备，定期检查维护并做好记录。

企业应针对高温、高压和生产、使用、储存易燃、易爆、有毒、有害物质等高风险设备，以及海洋石油开采特种设备和矿山井下特种设备，建立运行、巡检、保养的专项安全管理制度，确保其始终处于安全可靠的运行状态。

安全设施和职业病防护设施不应随意拆除、挪用或弃置不用。确因检维修拆除的，应采取临时安全措施，检维修完毕后立即

复原。

（4）设备设施检维修

企业应建立设备设施检维修管理制度，制订综合检维修计划，加强日常检维修和定期检维修管理，落实"五定"原则，即定检维修方案、定检维修人员、定安全措施、定检维修质量、定检维修进度，并做好记录。

检维修方案应包含作业安全风险分析、控制措施、应急处置措施及安全验收标准。检维修过程中应执行安全控制措施，隔离能量和危险物质，并进行监督检查，检维修后应进行安全确认。检维修过程中涉及危险作业的，应按照危险作业规范执行。

（5）设备设施检测检验

特种设备应按照有关规定，委托具有专业资质的检测、检验机构进行定期检测、检验。涉及人身安全、危险性较大的海洋石油开采特种设备和矿山井下特种设备，应取得矿用产品安全标志或相关安全使用证。

特种设备检验检测机构是指从事特种设备定期检验、监督检验、型式试验、无损检测等检验检测活动的技术机构，包括综合检验机构、型式试验机构、无损检测机构、气瓶检验机构。检验检测机构应当经国家质量监督检验检疫总局核准，取得特种设备检验检测机构核准证后，方可在核准的项目范围内从事特种设备检验检测活动。

（6）设备设施拆除、报废

《安全生产法》第三十六条规定，生产、经营、运输、储存、使用危险物品或者处置废弃危险物品的，由有关主管部门依照有关法律法规的规定和国家标准或者行业标准审批并实施监督管理。生产经营单位生产、经营、运输、储存、使用危险物品或者处置废弃危险物品，必须执行有关法律、法规和国家标准或者行业标准，建立专门的安全管理制度，采取可靠的安全措施，接受有关主管部门依法实施的监督管理。

企业应建立设备设施报废管理制度。设备设施的报废应办理审批手续，在报废设备设施拆除前应制定方案，并在现场设置明显的报废设备设施标志。报废、拆除涉及许可作业的，应按照规定执行，并在作业前对相关作业人员进行培训和安全技术交底。报废、拆除应按方案和许可内容组织落实。

30. 作业安全

（1）作业环境和作业条件

企业应事先分析和控制生产过程及工艺、物料、设备设施、器材、通道、作业环境等存在的安全风险。

生产现场应实行定置管理，保持作业环境整洁。

生产现场应配备相应的安全、职业病防护用品（具）及消防设施与器材，按照有关规定设置应急照明装置、安全通道，并确保安全通道畅通。

企业应对临近高压输电线路作业、危险场所动火作业、有（受）限空间作业、临时用电作业、爆破作业、封道作业等危险性较大的作业活动，实施作业许可管理，严格履行作业许可审批手续。作业许可应包含安全风险分析、安全及职业病危害防护措施、应急处置等内容。作业许可实行闭环管理。

企业应对作业人员的上岗资格、条件等进行作业前的安全检

查，做到特种作业人员持证上岗，并安排专人进行现场安全管理，确保作业人员遵守岗位操作规程，落实安全及职业病危害防护措施。

企业应采取可靠的安全技术措施，对设备能量和危险有害物质进行屏蔽或隔离。

两个以上作业队伍在同一作业区域内进行作业活动时，不同作业队伍相互之间应签订管理协议，明确各自的安全生产、职业卫生管理职责和采取的有效措施，并指定专人进行检查与协调。

危险化学品生产、经营、储存和使用单位的特殊作业，应符合国家标准《化学品生产单位特殊作业安全规范》（GB 30871—2014）的规定。

（2）作业行为

1）安全作业行为基本要求。企业应依法合理进行生产作业组织和管理，加强对从业人员作业行为的安全管理，对设备设施、工艺技术以及从业人员作业行为等进行安全风险辨识，采取相应的措施，控制作业行为安全风险。

企业应监督、指导从业人员遵守安全生产和职业卫生规章制度、操作规程，杜绝违章指挥、违规作业和违反劳动纪律的"三违"行为。

企业应为从业人员配备与岗位安全风险相适应的、符合《个体防护装备选用规范》（GB/T 11651—2008）规定的个体防护装备与用品，并监督、指导从业人员按照有关规定正确佩戴、使用、维护、保养和检查个体防护装备与用品。

2）反"三违"。违章不一定出事（故），出事（故）必是违章。违章是发生事故的起因，事故是违章导致的后果。所谓的"三违"

是指以下内容：

①违章指挥。企业负责人和有关管理人员法制观念淡薄，缺乏安全知识，思想上存有侥幸心理，对国家、集体的财产和人民群众的生命安全不负责任。明知不符合安全生产有关条件，仍指挥作业人员冒险作业。

②违章作业。作业人员没有安全生产常识，不懂安全生产规章制度和操作规程，或者在知道基本安全知识的情况下，违反安全生产规章制度和操作规程，不顾国家、集体的财产和他人、自己的生命安全，擅自作业，冒险蛮干。

③违反劳动纪律。上班时不知道劳动纪律，或者不遵守劳动纪律，违反劳动纪律进行冒险作业，造成不安全因素。

（3）岗位达标

企业应建立班组安全活动管理制度，开展岗位达标活动，明确岗位达标的内容和要求。

从业人员应熟练掌握本岗位安全职责、安全生产和职业卫生操作规程、安全风险及管控措施、防护用品使用、自救互救及应急处置措施。

各班组应按照有关规定开展安全生产和职业卫生教育培训、安全操作技能训练、岗位作业危险预知、作业现场隐患排查、事故分析等工作，并做好记录。

安全目标管理是许多企业安全管理的重要内容之一。在安全目标管理中，按照目标的层次性、可分性、多样性和阶段性原理，企业安全管理总目标需要分解成各层次各部门的分目标，由上至下，层层下达直至班组，由下至上，一级保一级。通过分目标的有效实施，保证企业安全管理总目标的实现。班组安全目标管理就是指根

据企业安全管理总目标和上一层次分目标的要求，把班组承担的各项安全管理责任转化为班组安全管理目标。

（4）相关方

《安全生产法》第四十六条规定，生产经营单位不得将生产经营项目、场所、设备发包或者出租给不具备安全生产条件或者相应资质的单位或者个人。

企业应建立承包商、供应商等安全管理制度，将承包商、供应商等相关方的安全生产和职业卫生纳入企业内部管理，对承包商、供应商等相关方的资格预审、选择、作业人员培训、作业过程检查监督、提供的产品与服务、绩效评估、续用或退出等进行管理。

企业应建立合格承包商、供应商等相关方的名录和档案，定期识别服务行为安全风险，并采取有效的控制措施。

企业不应将项目委托给不具备相应资质或安全生产、职业病防护条件不合格的承包商、供应商等相关方。企业应与承包商、供应商等签订合作协议，明确规定双方的安全生产及职业病防护的责任和义务。

企业应通过供应链关系促进承包商、供应商等相关方达到安全生产标准化要求。

31. 职业健康

（1）基本要求

企业应为从业人员提供符合职业卫生要求的工作环境和条件，为接触职业危害的从业人员提供个人使用的职业病防护用品，建立健全职业卫生档案和健康监护档案。

产生职业病危害的工作场所应设置相应的职业病防护设施，并符合指导性国家标准《工业企业设计卫生标准》（GBZ 1—2010）的规定。

企业应确保使用有毒、有害物品的作业场所与生活区、辅助生产区分开，作业场所不应住人。确保有害作业与无害作业分开，高毒工作场所与其他工作场所隔离。

对可能发生急性职业危害的有毒、有害工作场所，应设置检验报警装置，制定应急预案，配置现场急救用品、设备，设置应急撤离通道和必要的泄险区，定期检查监测。

企业应组织从业人员进行上岗前、在岗期间、特殊情况应急后和离岗时的职业健康检查，将检查结果书面告知从业人员并存档。对检查结果异常的从业人员，应及时就医，并定期复查。企业不应安排未经职业健康检查的从业人员从事接触职业病危害的作业，不应安排有职业禁忌的从业人员从事禁忌作业。从业人员的职业健康监护应符合指导性国家标准《职业健康监护技术规范》（GBZ 188—2014）的规定。

各种防护用品、各种防护器具应定点存放在安全、便于取用的地方，建立台账，并有专人负责保管，定期校验、维护和更换。

涉及放射工作场所和放射性同位素运输、储存的企业，应配置防护设备和报警装置，为接触放射线的从业人员佩戴个人剂量计。

（2）职业危害告知

企业与从业人员订立劳动合同时，应将工作过程中可能产生的职业危害及其后果和防护措施如实告知从业人员，并在劳动合同中写明。

企业应按照有关规定，在醒目位置设置公告栏，公布有关职业病防治的规章制度、操作规程、职业病危害事故应急救援措施和工作场所职业病危害因素检测结果。对存在或产生职业病危害的工作场所、作业岗位、设备、设施，应在醒目位置设置警示标识和中文警示说明。使用有毒物品作业场所，应设置黄色区域警示线、警示标识和中文警示说明，高毒作业场所应设置红色区域警示线、警示标识和中文警示说明，并设置通信报警设备。高毒物品作业岗位职业病危害告知应符合《高毒物品作业岗位职业病危害告知规范》（GBZ/T 203—2007）的规定。

（3）职业病危害项目申报

企业应按照有关规定，及时、如实向所在地安全生产监督管理部门申报职业病危害项目，并及时更新信息。

职业病危害项目是指存在职业病危害因素的项目。职业病危害因素按照《职业病危害因素分类目录》（国卫疾控发〔2015〕92号）确定。

职业病危害项目申报工作实行属地分级管理的原则。中央企业、省属企业及其所属用人单位的职业病危害项目，向其所在地设区的市级人民政府安全生产监督管理部门申报。其他用人单位的职业病危害项目，向其所在地县级人民政府安全生产监督管理部门申报。

用人单位申报职业病危害项目时，应当提交《职业病危害项目申报表》和下列文件、资料：

1）用人单位的基本情况。

2）工作场所职业病危害因素种类、分布情况以及接触人数。

3）法律、法规和规章规定的其他文件、资料。

职业病危害项目申报同时采取电子数据和纸质文本两种方式。

用人单位应当首先通过"职业病危害项目申报系统"进行电子数据申报，同时将《职业病危害项目申报表》加盖公章并由本单位主要负责人签字后，按照相关规定，连同有关文件、资料一并上报所在地设区的市级、县级安全生产监督管理部门。受理申报的安全生产监督管理部门应当自收到申报文件、资料之日起 5 个工作日内，出具《职业病危害项目申报回执》。

（4）职业病危害检测与评价

企业应改善工作场所职业卫生条件，控制职业病危害因素的浓（强）度，具体浓（强）度应不超过指导性国家标准《工作场所有害因素职业接触限值　第 1 部分：化学有害因素》（GBZ 2.1—2007）、《工作场所有害因素职业接触限值　第 2 部分：物理因素》（GBZ 2.2—2007）规定的限值。

企业应对工作场所职业病危害因素进行日常监测，并保存监测记录。存在职业病危害的，应委托具有相应资质的职业卫生技术服务机构进行定期检测，每年至少进行一次全面的职业病危害因素检测。职业病危害严重的，应委托具有相应资质的职业卫生技术服务机构，每 3 年至少进行一次职业病危害现状评价。检测、评价结果存入职业卫生档案，并向安全监管部门报告，向从业人员公布。

定期检测结果中职业病危害因素浓度或强度超过职业接触限值的，企业应根据职业卫生技术服务机构提出的整改建议，结合本单位的实际情况，制定切实有效的整改方案，立即进行整改。整改落实情况应有明确的记录并存入职业卫生档案备查。

32. 警示标志

　　企业应按照有关规定和工作场所的安全风险特点，在有重大危险源、较大危险因素和严重职业病危害因素的工作场所，设置明显的、符合有关规定要求的安全警示标志和职业病危害警示标识。其中，警示标志的安全色和安全标志应分别符合国家标准《安全色》（GB 2893—2008）、《安全标志及其使用导则》（GB 2894—2008）的规定，道路交通标志和标线应符合国家标准《道路交通标志和标线　第1部分：总则》（GB 5768.1—2009）、《道路交通标志和标线　第2部分：道路交通标志》（GB 5768.2—2009）、《道路交通标志和标线　第3部分：道路交通标线》（GB 5768.3—2009）、《道路交通标志和标线　第4部分：作业区》（GB 5768.4—2017）、《道路交通标志和标线　第5部分：限制速度》（GB 5768.5—2017）、《道路交通标志和标线　第6部分：铁路道口》（GB 5768.6—2017）的规定，工业管道安全标识应符合国家标准《工业管道的基本识别色、识别符号和安全标识》（GB 7231—2003）的规定，消防安全标志应符合国家标准《消防安全标志　第1部分：标志》（GB 13495.1—2015）的规定，工作场所职业病危害警示标识应符合指导性国家标准《工作场所职业病危害警示标识》（GBZ 158—2003）的规定。安全警示标志和职业病危害警示标识应标明安全风险内容、危险程度、安全距离、防控办法、应急措施等内容，在有重大隐患的工作场所和设备设施上设置安全警示标志，标明治理责任、期限及应急措施；在有安全风险的工作岗位设置安全告知卡，告知从业人员本企业、本岗位主要危险有害因素、后果、事故预防及应急措施、报告电话等内容。

企业应定期对警示标志进行检查维护，确保其完好有效。

企业应在设备设施施工、吊装、检维修等作业现场设置警戒区域和警示标志，在检维修现场的坑、井、渠、构、陡坡等场所设置围栏和警示标志，进行危险提示、警示，告知危险的种类、后果及应急措施等。

33. 安全风险管理

（1）安全风险辨识

企业应建立安全风险辨识管理制度，组织全员对本单位安全风险进行全面、系统的辨识。

安全风险辨识范围应覆盖本单位的所有活动及区域，并考虑正常、异常和紧急三种状态及过去、现在和将来三种时态。安全风险辨识应采用适宜的方法和程序，且与现场实际相符。

企业应对安全风险辨识资料进行统计、分析、整理和归档。

2016年4月28日，国务院安委会办公室印发了关于《标本兼治遏制重特大事故工作指南》（安委办〔2016〕3号）的通知，通知明确要求着力构建安全风险分级管控和隐患排查治理双重预防性工作机制，主要内容如下：

1）健全安全风险评估分级和事故隐患排查分级标准体系。根据存在的主要风险隐患可能导致的后果并结合本地区、本行业领域实际，研究制定区域性、行业性安全风险和事故隐患辨识、评估、分级标准，为开展安全风险分级管控和事故隐患排查治理提供依据。

2）全面排查评定安全风险和事故隐患等级。在深入总结分析重特大事故发生规律、特点和趋势的基础上，每年排查评估本地区的重点行业领域、重点部位、重点环节，依据相应标准，分别确定安全风险"红、橙、黄、蓝"（红色为安全风险最高级）4个等级，分别确定事故隐患为重大隐患和一般隐患，并建立安全风险和事故隐患数据库，绘制省、市、县以及企业安全风险等级和重大事故隐患分布电子图，切实解决"想不到、管不到"问题。

3）建立实行安全风险分级管控机制。按照"分区域、分级别、网格化"原则，实施安全风险差异化动态管理，明确落实每一处重大安全风险和重大危险源的安全管理与监管责任，强化风险管控技术、制度、管理措施，把可能导致的后果限制在可防、可控范围之内。健全安全风险公告警示和重大安全风险预警机制，定期对红色、橙色安全风险进行分析、评估、预警。落实企业安全风险分级管控岗位责任，建立企业安全风险公告、岗位安全风险确认和安全操作"明白卡"制度。

4）实施事故隐患排查治理闭环管理。推进企业安全生产标准化和隐患排查治理体系建设，建立自查、自改、自报事故隐患的排查治理信息系统，建设政府部门信息化、数字化、智能化事故隐患排查治理网络管理平台并与企业互联互通，实现隐患排查、登记、评估、报告、监控、治理、销账的全过程记录和闭环管理。

通过识别生产经营活动中存在的危险、有害因素，并运用定性或定量的统计分析方法确定其风险严重程度，进而确定风险控制的优先顺序和风险控制措施，以达到改善安全生产环境、减少和杜绝安全生产事故的目标。为达到以上目的而采取的一系列措施和规定被称为安全风险管理。

（2）安全风险评估

企业应建立安全风险评估管理制度，明确安全风险评估的目的、范围、频次、准则和工作程序等。

企业应选择合适的安全风险评估方法，定期对所辨识出的存在安全风险的作业活动、设备设施、物料等进行评估。在进行安全风险评估时，至少应从影响人、财产和环境3个方面的可能性和严重程度进行分析。

矿山、金属冶炼和危险物品生产、储存企业，每3年应委托具备规定资质条件的专业技术服务机构对本企业的安全生产状况进行安全评价。

风险评价又称安全评价，是指在风险识别和估计的基础上，综合考虑风险发生的概率、损失程度以及其他因素，得出系统发生风险的可能性及其程度，并与公认的安全标准进行比较，确定企业的风险等级，由此决定是否需要采取控制措施，以及控制到什么程度。风险识别和估计是风险评价的基础。只有在充分揭示企业所面临的各种风险和风险因素的前提下，才可能作出较为精确的评价。企业在运行过程中，原来的风险因素可能会发生变化，同时又可能出现新的风险因素，因此，风险识别必须对企业进行跟踪，以便及时了解企业在运行过程中风险和风险因素变化的情况。

（3）安全风险控制

风险控制是指根据风险评价的结果及经营运行情况等，确定优先控制的顺序，采取措施消减风险，将风险控制在可以接受的程度，预防事故的发生。

企业应根据安全风险评估结果及生产经营状况等，确定相应的安全风险等级，对其进行分级分类管理，实施安全风险差异化动态

管理，制定并落实相应的安全风险控制措施。

1）企业应根据风险评价的结果及经营运行情况等，确定不可接受的风险，制定并落实控制措施，将风险尤其是重大风险控制在可以接受的程度。企业在选择风险控制措施时，应考虑可行性、安全性、可靠性，风险控制措施应包括工程技术措施、管理措施、培训教育措施、个体防护措施等。

2）企业应将风险评价的结果及所采取的控制措施对从业人员进行宣传、培训，使其熟悉工作岗位和作业环境中存在的危险、有害因素，掌握、落实应采取的控制措施。

（4）变更管理

企业应制定变更管理制度。变更前应对变更过程及变更后可能产生的安全风险进行分析，制定控制措施，履行审批及验收程序，并告知和培训相关从业人员。

变更管理是指对有关人员、机构、工艺、技术、设施、作业过程及环境等永久性或暂时性变化有可能造成的安全风险进行有计划的控制，以避免或减轻对安全生产的影响。

1）企业主要负责人、部门安全负责人发生变更，应组织对变更人员进行相应的安全教育培训，需要时，经考核合格，取得相关安全证书方可上岗。

2）安全管理人员、特种作业人员发生变更，应送至具有培训资质的单位进行安全培训，并经考试合格后，方可上岗。

3）操作人员发生变更，应书面通知相关部门进行相应的转岗安全教育培训。

4）管理机构发生变更，企业安全生产委员会应对安全生产责任制和相关的安全生产管理制度进行评审，并根据评审报告对安全生产责任制和相关的安全管理制度进行修订，对安全管理网络进行调整。

5）工艺、技术发生变更，变更管理部门应将变更的工艺、技术文件交技术人员审查，辨识变更过程可能产生的安全风险，制定相应的安全生产应对措施，并及时发放至各车间，在变更的工艺、技术文件上组织实施。实施完成后，必须通知技术人员验收，并形成文件存档。

6）设施、作业过程及环境发生变更，除应严格执行相关变更程序外，还必须将变更方案送至生产管理部门（当生产、设备、安全等相关人员自身不具备相应的专业知识时，可聘请相关安全专家）审查，对其可能产生的安全风险和隐患进行辨识、评估，提出安全生产改进意见或防范措施，并根据评审人员提出的改进意见或防范措施修订设施、作业过程及环境变更的实施方案。实施完成后，必须通知安全管理部门验收，并形成文件存档。

7）安全设施需要变更时，方案必须经企业安全生产委员会和设计单位书面同意，出具变更通知后实施变更。如有重大变更的，必须报当地安全生产监督管理部门备案。

34. 重大危险源辨识与管理

企业应建立重大危险源管理制度，全面辨识重大危险源，对确认的重大危险源制定安全管理技术措施和应急预案。

涉及危险化学品的企业应按照国家标准《危险化学品重大危险源辨识》（GB 18218—2009）的规定，进行重大危险源辨识和管理。

企业应对重大危险源进行登记建档，设置重大危险源监控系

统，进行日常监控，并按照有关规定向所在地安全生产监督管理部门备案。重大危险源安全监控系统应符合《危险化学品重大危险源安全监控通用技术规范》（AQ 3035—2010）的技术规定。

含有重大危险源的企业应将监控中心（室）视频监控资料、数据监控系统状态数据和监控数据与有关监管部门监管系统联网。

（1）重大危险源定义

参照第 80 届国际劳工大会通过的《预防重大工业事故公约》和我国的有关标准，危险源可定义为长期或临时地生产、加工、搬运、使用或储存危险物质，且危险物的数量等于或超过临界量的单元。此处的单元是指一套生产装置、设施或场所，危险物是指能导致火灾、爆炸或中毒、触电等危险的一种或若干物质的混合物，临界量是指国家法律法规、标准规定的一种或一类特定危险物质的数量。

根据《安全生产法》，重大危险源是指长期地或者临时地生产、搬运、使用或者储存危险物品，且危险物品的数量等于或者超过临界量的单元（包括场所和设施）。

依据我国安全生产领域的相关规定，结合行业的工艺特点，从可操作性出发，以重大危险源所处的场所或设备、设施对危险源进行分类，每类中可依据不同的特性有层次地展开。一般工业生产作业过程的危险源分为以下 5 类：

1）易燃、易爆和有毒有害物质危险源。

2）锅炉及压力容器设施类危险源。

3）电气类设施危险源。

4）高温作业区危险源。

5）辐射类危害类危险源。

（2）危险源辨识

危险源辨识是发现、识别系统中危险源的工作。这是一件非常重要的工作，它是危险源控制的基础，只有辨识危险源之后，才能有的放矢地考虑如何采取措施控制危险源。

危险源分级一般按危险源在触发因素作用下转化为事故的可能性与事故后果的严重程度划分。危险源分级实质上是对危险源的评价。按事故出现可能性大小，危险源可分为非常容易发生、容易发生、较容易发生、不容易发生、难以发生、极难发生。根据危害程度，危险源可分为可忽略、临界的、危险的、破坏性的等级。危险源也可按单项指标来划分等级。例如，高处作业根据高差指标将坠落事故危险源划分为 4 级（一级 2～5 米，二级 5～15 米，三级 15～30 米，特级 30 米以上），按压力指标将压力容器划分为低压容器、中压容器、高压容器、超高压容器 4 级。从控制管理角度，通常根据危险源的潜在危险性大小、控制难易程度、事故可能造成损失情况进行综合分级。

（3）危险性评价

危险性是指某种危险源导致事故，造成人员伤亡或财物损失的可能性。一般地，危险性包括危险源导致事故的可能性和一旦发生事故造成人员伤亡或财物损失的后果严重程度两个方面。

系统危险性评价是对系统中危险源危险性的综合评价。危险源的危险性评价包括对危险源自身危险性的评价和对危险源控制措施效果的评价。

系统中危险源的存在是绝对的，任何工业生产系统中都存在若干危险源。受实际的人力、物力等方面因素的限制，不可能完全消除或控制所有的危险源，只能集中有限的人力、物力资源消除及控

制危险性较大的危险源。在危险性评价的基础上，将危险源按其危险性的大小分类排队，可以为确定控制措施的优先次序提供依据。

（4）危险源监控

危险源的控制可从三方面进行，即技术控制、人行为控制和管理控制。

1）技术控制。即采用技术措施对固有危险源进行控制，主要技术有消除、控制、防护、隔离、监控、保留、转移等。

2）人行为控制。即控制人为失误，减少人不正确行为对危险源的触发作用。人为失误的主要表现形式有：操作失误，指挥错误，不正确的判断或缺乏判断，粗心大意，厌烦，懒散，疲劳，紧张，疾病或生理缺陷，错误使用防护用品和防护装置等。人行为的控制应先加强教育培训，做到人的安全化，然后做到操作安全化。

3）管理控制。可采取：建立健全危险源管理的规章制度；明确责任，定期检查；加强危险源的日常管理；抓好信息反馈，及时整改隐患；搞好危险源控制管理的基础建设工作；搞好危险源控制管理的考核评价和奖惩等方式方法。

35. 隐患排查治理

（1）隐患排查

安全生产事故隐患（以下简称事故隐患）是指生产经营单位违反安全生产法律法规、规章、标准、规程和安全生产管理制度的规定或者因其他因素，在生产经营活动中存在可能导致事故发生的人的不安全行为、物的危险状态、环境的不安全因素和管理上的缺陷。

事故隐患分为一般事故隐患和重大事故隐患。一般事故隐患是指危害和整改难度较小，发现后能够立即整改消除的隐患。重大事故隐患是指危害和整改难度较大，需要全部或者局部停产停业，并经过一定时间整改治理方能消除的隐患，或者因外部因素影响致使生产经营单位自身难以消除的隐患。

企业应建立隐患排查治理制度，逐渐建立并落实从主要负责人到每位从业人员的隐患排查治理和防控责任制，并按照有关规定组织开展隐患排查治理工作，及时发现并消除隐患，实行隐患闭环管理。

企业应依据有关法律法规、标准、规范等，组织制定各部门、岗位、场所、设备设施的隐患排查治理标准或排查清单，明确隐患排查的时限、范围、内容和要求，并组织开展相应的培训。隐患排查的范围应包括所有与生产经营相关的场所、人员、设备设施和活动，也包括承包商和供应商等相关服务范围。

企业应按照有关规定，结合安全生产的需要和特点，采用综合检查、专业检查、季节性检查、节假日检查、日常检查等不同方式进行隐患排查。对排查出的隐患，按照隐患的等级进行记录，建立隐患信息档案，并按照职责分工实施监控治理。组织有关人员对本企业可能存在的重大隐患作出认定，并按照有关规定进行管理。

企业应将相关方排查出的隐患统一纳入本企业隐患管理。

（2）隐患治理

企业应根据隐患排查的结果，制定隐患治理方案，对隐患及时进行治理。

企业在隐患治理过程中，应采取相应的监控防范措施。隐患排除前或排除过程中无法保证安全的，应从危险区域内撤出作业人

员，疏散可能危及的人员，设置警戒标志，暂时停产停业或停止使用相关设备、设施。

对于一般事故隐患，由生产经营单位（车间、分厂、区队等）负责人或者有关人员按照责任分工立即或限期组织整改。主要负责人应组织制定并实施重大隐患治理方案。治理方案应包括目标和任务、方法和措施、经费和物资、机构和人员、时限和要求、应急预案。

对于重大事故隐患，由生产经营单位主要负责人组织制定并实施事故隐患治理方案。重大事故隐患治理方案应当包括治理的目标和任务、采取的方法和措施、经费和物资的落实、负责治理的机构和人员、治理的时限和要求、安全措施和应急预案。

（3）验收与评估

隐患治理完成后，企业应按照有关规定对治理情况进行评估、验收。重大隐患治理完成后，企业应组织本企业的安全管理人员和有关技术人员进行验收或委托依法设立的为安全生产提供技术、管理服务的机构进行评估。

（4）信息记录、通报和报送

企业应如实记录隐患排查治理情况，至少每月进行一次统计分析，及时将隐患排查治理情况向从业人员通报。

企业应运用隐患自查、自改、自报信息系统，对隐患排查、报告、治理、销账等过程进行电子化管理和统计分析，并按照当地安全监管部门和有关部门的要求，定期或实时报送隐患排查治理情况。

对于重大事故隐患，生产经营单位除依照规定报送外，应当向安全监管监察部门和有关部门提交书面材料。重大事故隐患报送内容应当包括：

1）隐患的现状及其产生原因。

2）隐患的危害程度和整改难易程度分析。

3）隐患的治理方案。

36. 事故预警预测

企业应根据生产经营状况、安全风险管理及隐患排查治理、事故等情况，运用定量或定性的安全生产预测预警技术，建立体现企业安全生产状况及发展趋势的安全生产预测预警体系。

企业安全生产预警系统是指在全面辨识反映企业安全生产状态的指标的基础上，通过隐患排查、风险管理及仪器仪表监控等安全方法及工具，提前发现、分析和判断影响安全生产状态、可能导致事故发生的信息，定量化表示企业生产安全状态，及时发布安全生产预警信息，提醒企业负责人及全体员工注意，使企业及时、有针对性地采取预防措施控制事态发展，最大限度地降低事故发生概率及后果严重程度，从而形成具有预警能力的安全生产系统。

企业应结合安全生产标准化建设、隐患排查治理体系建设等工作，充分发挥安全生产预警系统对安全生产管理决策的支持作用。企业应发动全员参与安全生产预警工作，将安全预警工作与日常安全生产管理工作有机结合。企业每年应至少对预警系统的运行情况总结一次，对预警指标的选取以及预警指数模型进行优化，使之更加符合企业的生产安全状态。当企业预警系统与安全生产实际运行情况出现偏差时，应及时调整预警系统相关指标，并重新调整预警指数模型。

企业安全生产预警系统应包括预警指标选择、预警指标量化、预警指标权重确定、预警模型建立、预警指数图生成、预警报告发布、预警信息系统建立。

企业应选取符合本企业安全生产管理特点的预警指标，具体选取原则如下：

1）从人、物、环境、管理、事故 5 个因素进行预警指标初筛。

2）选取的预警指标应至少包含事故隐患、安全教育培训、应急演练及生产安全事故 4 项预警指标，同时可根据实际情况，增加适应生产安全特点的其他预警指标。

3）预警指标数据在系统中使用，应进行指标数据量化。量化结果应与最终预警结果趋势相同，指标量化结果和预警结果数值越大，表示危险程度越高，即安全程度越低；数值越小，表示危险程度越低，即安全程度越高。各预警数据采集、数值确定应与预警周期保持一致，企业可根据实际情况选择周或月为预警周期。

事故隐患指标应至少包含事故隐患评估（即事故隐患信息量化）、隐患等级、隐患整改情况三项。

37. 应急准备

（1）应急救援组织

《安全生产法》规定，生产经营单位应当制定本单位生产安全事故应急救援预案，与所在地县级以上地方人民政府组织制定的生产安全事故应急救援预案相衔接，并定期组织演练。危险物品的生产、经营、储存单位以及矿山、金属冶炼、城市轨道交通运营、建筑施工单位应当建立应急救援组织；生产经营规模较小的，可以不建立应急救援组织，但应当指定兼职的应急救援人员。危险物品的生产、经营、储存、运输单位以及矿山、金属冶炼、城市轨道交通运营、建筑施工单位应当配备必要的应急救援器材、设备和物资，并进行经常性维护、保养，保证正常运转。

企业应按照有关规定建立应急管理组织机构或指定专人负责应急管理工作，建立与本企业安全生产特点相适应的专（兼）职应急救援队伍。按照有关规定可以不单独建立应急救援队伍的，应指定兼职救援人员，并与邻近专业应急救援队伍签订应急救援服务协议。

（2）应急预案

企业应在开展安全风险评估和应急资源调查的基础上，建立生产安全事故应急预案体系，制定符合《生产经营单位生产安全事故应急预案编制导则》（GB/T 29639—2013）规定的生产安全事故应急预案，针对安全风险较大的重点场所（设施）制定现场处置方案，并编制重点岗位、人员应急处置卡。

企业应按照有关规定将应急预案报当地主管部门备案，并通报应急救援队伍、周边企业等有关应急协作单位。企业应定期评估应急预案，及时根据评估结果或实际情况的变化进行修订和完善，并按照有关规定将修订的应急预案及时报当地主管部门备案。

应急预案是指为有效预防和控制可能发生的事故，最大限度地减少事故及其造成损害而预先制定的工作方案。应急预案主要包括以下三种：

1）综合应急预案。综合应急预案是生产经营单位应急预案体系的总纲，主要从总体上阐述事故的应急工作原则，包括生产经营单位的应急组织机构及职责、应急预案体系、事故风险描述、预警

及信息报告、应急响应、保障措施、应急预案管理等内容。

2）专项应急预案。专项应急预案是生产经营单位为应对某一类型或某几种类型事故，或者针对重要生产设施、重大危险源、重大活动等内容而制定的应急预案。专项应急预案主要包括事故风险分析、应急指挥机构及职责、处置程序和措施等内容。

3）现场处置方案。现场处置方案是生产经营单位根据不同事故类别，针对具体的场所、装置或设施所制定的应急处置措施，主要包括事故风险分析、应急工作职责、应急处置和注意事项等内容。生产经营单位应根据风险评估、岗位操作规程以及危险性控制措施，组织本单位现场作业人员及相关专业人员共同编制现场处置方案。

（3）应急设施、装备、物资

企业应根据可能发生的事故种类特点，按照规定设置应急设施，配备应急装备，储备应急物资，建立管理台账，安排专人管理，并定期检查、维护、保养，确保其完好、可靠。

企业可以从以下几个方面做好应急储备物资的管理工作：

1）严格按照"三分四定"制度进行管理，即应急物资储备分为携带物资、前运物资、留守物资三类，要定人、定位、定车、定量管理。

2）坚持"预防为主、有备无患"的工作原则，结合所承担的应急任务，建立科学、经济、有效的应急物资储备和运行机制，确保应急物资计划、采购、储备、调用、补充等工作科学、有序开展。

3）做好本级应急物资储备，结合物资特性和应急需求，统一规划，实行实物储备，及时调整、补充。

4）对不便保管、效期短或不能及时从市场上购买的物资，可与企业签订储备合同，随时调用。

5）完善网络平台，建立应急物资储备信息库，便于在需要的时候及时检索出所需要的物资生产、供应信息。

6）加强对应急储备物资的科学购置、严格管理和及时发放，做到迅捷、保障有力。

（4）应急演练

企业应按照《生产安全事故应急演练指南》（AQ/T 9007—2011）的规定定期组织公司（厂、矿）、车间（工段、区、队）、班组开展生产安全事故应急演练，做到一线从业人员参与应急演练全覆盖，并按照《生产安全事故应急演练评估规范》（AQ/T 9009—2015）的规定对演练进行总结和评估，根据评估结论和演练发现的问题，修订、完善应急预案，改进应急准备工作。

应急演练是指针对事故情景，依据应急预案而模拟开展的预警行动、事故报告、指挥协调、现场处置等活动。

1）应急演练的类型。应急演练按照演练内容分为综合演练和单项演练，按照演练形式分为现场演练和桌面演练，不同类型的演练可相互组合。

①综合演练。针对应急预案中多项或全部应急响应功能开展的演练活动。

②单项演练。针对应急预案中某项应急响应功能开展的演练活动。

③现场演练。选择（或模拟）生产经营活动中的设备、设施、装置或场所，设定事故情景，依据应急预案而模拟开展的演练活动。

④桌面演练。针对事故情景，利用图纸、沙盘、流程图、计算机、视频等辅助手段，依据应急预案而进行交互式讨论或模拟应急状态下应急行动的演练活动。

2）应急演练包括以下内容：

①预警与报告。根据事故情景，向相关部门或人员发出预警信息，并向有关部门和人员报告事故情况。

②指挥与协调。根据事故情景，成立应急指挥部，调集应急救援队伍和相关资源，开展应急救援行动。

③应急通信。根据事故情景，在应急救援相关部门或人员之间进行音频、视频信号或数据信息互通。

④事故监测。根据事故情景，对事故现场进行观察、分析或测定，确定事故严重程度、影响范围和变化趋势等。

⑤警戒与管制。根据事故情景，建立应急处置现场警戒区域，实行交通管制，维护现场秩序。

⑥疏散与安置。根据事故情景，对事故可能波及范围内的相关人员进行疏散、转移和安置。

⑦医疗卫生。根据事故情景，调集医疗卫生专家和卫生应急队伍开展紧急医学救援，并开展卫生监测和防疫工作。

⑧现场处置。根据事故情景，按照相关应急预案和现场指挥部要求对事故现场进行控制和处理。

⑨社会沟通。根据事故情景，召开新闻发布会或事故情况通报会，通报事故有关情况。

⑩后期处置。根据事故情景，应急处置结束后，开展事故损失评估、事故原因调查、事故现场清理和相关善后工作。

⑪其他。根据相关行业（领域）安全生产特点所包含的其他应

急功能。

（5）应急救援信息系统建设

矿山、金属冶炼等企业，生产、经营、运输、储存、使用危险物品或处置废弃危险物品的生产经营单位，应建立生产安全事故应急救援信息系统，并与所在地县级以上地方人民政府负有安全生产监督管理职责部门的安全生产应急管理信息系统互联互通。

38. 应急处置

发生事故后，企业应根据应急预案要求，立即启动应急响应程序，按照有关规定报告事故情况，并开展先期处置。例如，发出警报，在不危及人身安全时，现场人员应采取阻断或隔离事故源、危险源等措施。严重危及人身安全时，现场人员应迅速停止现场作业，在采取必要的或可能的应急措施后撤离危险区域。

立即按照有关规定和程序报告本企业有关负责人，有关负责人应立即将事故发生的时间、地点、当前状态等简要信息向所在地县级以上地方人民政府负有安全生产监督管理职责的有关部门报告，并按照有关规定及时补报、续报有关情况。情况紧急时，事故现场有关人员可以直接向有关部门报告。对可能引发次生事故灾害的，应及时报告相关主管部门。

研判事故危害及发展趋势，将可能危及周边生命、财产、环境安全的危险和防护措施等告知相关单位与人员。遇有重大紧急情况时，应立即封闭事故现场，通知本单位从业人员和周边人员疏散，采取转移重要物资、避免或减轻环境危害等措施。

请求周边应急救援队伍参加事故救援，维护事故现场秩序，保

护事故现场证据。准备事故救援技术资料，做好向所在地人民政府及其负有安全生产监督管理职责的部门移交救援工作指挥权的各项准备。

事故现场的应急处置工作包括做好企业先期处置，加强政府应急响应，强化救援现场管理，确保安全有效施救，适时把握救援暂停和终止。

39. 应急评估

（1）应急评估程序

企业应对应急准备、应急处置工作进行评估。

矿山、金属冶炼等企业，生产、经营、运输、储存、使用危险物品或处置废弃危险物品的企业，应每年进行一次应急准备评估。

完成险情或事故应急处置后，企业应主动配合有关组织开展应急处置评估。事故调查组应当单独设立应急处置评估组，专职负责对事故单位和事发地人民政府的应急处置工作进行评估。事故调查组应急处置评估组组长一般由安全生产应急管理机构人员担任，有关单位人员参加，并根据需要聘请相关专家参与评估工作。

（2）应急评估内容

应急评估应当包括以下内容：

1）应急响应情况，包括事故基本情况、信息报送情况等。

2）先期处置情况，包括自救情况、控制危险源情况、防范次生灾害发生情况。

3）应急管理规章制度的建立和执行情况。

4）风险评估和应急资源调查情况。

5）应急预案的编制、培训、演练、执行情况。

6）应急救援队伍、人员、装备、物资储备、资金保障等方面的落实情况。

40. 事故报告

企业应建立事故报告程序，明确事故内外部报告的责任人、时限、内容等，并教育、指导从业人员严格按照有关规定的程序报告发生的生产安全事故。企业应妥善保护事故现场以及相关证据。事故报告后出现新情况的，应当及时补报。

（1）事故报告的责任

《安全生产法》和《生产安全事故报告和调查处理条例》都明确规定了事故报告责任，下列人员和单位负有报告事故的责任：

1）事故现场有关人员。

2）事故发生单位的主要负责人。

3）安全生产监督管理部门。

4）负有安全生产监督管理职责的有关部门。

5）有关地方人民政府。

事故单位负责人既有向县级以上人民政府安全生产监督管理部门报告的责任，又有向负有安全生产监督管理职责的有关部门报告的责任，即事故报告是两条线，实行双报告制。

（2）事故报告的程序和时限

根据《生产安全事故报告和调查处理条例》的有关规定，事故现场有关人员、事故单位负责人和有关部门应当按照下列程序和时间要求报告事故：

1）事故发生后，事故现场有关人员应当立即向本单位负责人报告。情况紧急时，事故现场有关人员可以直接向事故发生地县级以上人民政府安全生产监督管理部门和负有安全生产监督管理职责的有关部门报告。

2）单位负责人接到事故报告后，应当于 1 小时内向事故发生地县级以上人民政府安全生产监督管理部门和负有安全生产监督管理职责的有关部门报告。

3）安全生产监督管理部门和负有安全生产监督管理职责的有关部门接到事故报告后，应当按照事故的级别逐级上报事故情况，并报告同级人民政府，通知公安机关、劳动保障行政部门、工会和人民检察院，且每级上报的时间不得超过 2 小时。

（3）事故报告的内容

根据《生产安全事故报告和调查处理条例》的有关规定，事故报告应当包括以下内容：

1）事故发生单位概况。事故发生单位概况应当包括单位的全称、所处地理位置、所有制形式和隶属关系、生产经营范围和规模、持有各类证照的情况、单位负责人的基本情况以及近期的生产经营状况等。对于不同行业的企业，报告的内容应该根据实际情况来确定，但是应当以全面、简洁为原则。

2）事故发生的时间、地点以及事故现场情况。报告事故发生的时间应当具体，并尽量精确到分钟。报告事故发生的地点要准确，除事故发生的中心地点外，还应当报告事故所波及的区域。报告事故现场的情况应当全面，不仅应当报告现场的总体情况，还应当报告现场的人员伤亡情况、设备设施的毁损情况；不仅应当报告事故发生后的现场情况，还应当尽量报告事故发生前的现场情况。

3）事故的简要经过。事故的简要经过是对事故全过程的简要叙述。核心要求在于"全"和"简"。"全"就是要全过程描述，"简"就是要简单明了。但是，描述要前后衔接、脉络清晰、因果相连。需要强调的是，由于事故的发生往往是在一瞬间，对事故经过的描述应当特别注意事故发生前作业场所有关人员和设备设施的一些细节，因为这些细节可能就是引发事故的重要原因。

4）事故已经造成或者可能造成的伤亡人数（包括下落不明的人数）和初步估计的直接经济损失。对于人员伤亡情况的报告，应当遵守实事求是的原则，不做无根据的猜测，更不能隐瞒实际伤亡人数。

5）已经采取的措施。已经采取的措施主要是指事故现场有关人员、事故单位负责人、已经接到事故报告的安全生产管理部门为减少损失、防止事故扩大和便于事故调查所采取的应急救援和现场保护等具体措施。

6）事故的补报。事故报告后出现新情况的，应当及时补报。自事故发生之日起 30 日内，事故造成的伤亡人数发生变化的，应当及时补报。道路交通事故、火灾事故自发生之日起 7 日内，事故造成的伤亡人数发生变化的，应当及时补报。

41. 事故调查和处理

（1）基本要求

企业应建立内部事故调查和处理制度，按照有关规定、标准和国际通行做法，将造成人员伤亡（轻伤、重伤、死亡等人身伤害和急性中毒）和财产损失的事故纳入事故调查和处理范畴。

企业发生事故后，应及时成立事故调查组，明确其职责与权限，进行事故调查。事故调查应查明事故发生的时间、经过、原因、波及范围、人员伤亡情况及直接经济损失等。

事故调查组应根据有关证据、资料，分析事故的直接、间接原因和事故责任，提出应吸取的教训、整改措施和处理建议，编制事故调查报告。

企业应开展事故案例警示教育活动，认真吸取事故教训，落实防范和整改措施，防止类似事故再次发生。

企业应根据事故等级，积极配合有关人民政府开展事故调查。

（2）事故责任

查找事故原因的目的是确定事故责任。事故调查分析不仅要明确事故的原因，更重要的是确定事故责任，落实防范措施，确保不再出现同类事故，这是加强安全生产的重要手段。目前，事故性质分为责任事故、非责任事故和人为破坏事故。

1）责任事故是指由于工作不到位导致的事故，是一种可以预防的事故。责任事故需要处理相应的责任人。

2）非责任事故是指由于一些不可抗拒的力量而导致的事故。这些事故的原因主要是由于人类对自然的认识水平有限，需要在今后的工作中更加注意预防工作，防止同类事故再次发生。

3）人为破坏事故是指有人预先恶意地对机器设备以及其他因素进行调查，导致其他人在不知情的状况下发生事故。这类事故一般都属于刑事案件，相关责任人要受到法律的制裁。

（3）事故责任人

事故的责任人主要包括直接责任人、领导责任人和间接责任人三种。

1）直接责任人是指由于当事人与重大事故及其损失有直接因果关系，对事故发生以及导致一系列后果起决定性作用的人员。

2）领导责任人是指当事人的行为虽然没有直接导致事故发生，但由于其领导监管不力导致事故而应承担责任的人员。

3）间接责任人是指当事人与事故的发生具有间接的关系，需要承担相应的责任。

（4）责任追究

事故责任的确定是整个事故调查分析中最难的环节，因为责任确定的过程就是将事故原因分解给不同人员的过程。这个问题说起来很简单，而对于事故调查组成员来说，无论处理谁都是不情愿的，但由于事故的责任人必须受到处罚，所以事故调查组就要公正地对待所有涉及事故的人员，公平、公正、科学、合理地确定相应的责任。凡因下述原因造成事故，应首先追究领导者的责任：

1）没有按规定对从业人员进行安全教育和技术培训，或未经考试合格就上岗操作的。

2）缺乏安全技术操作规程或制度与规程不健全的。

3）设备严重失修或超负载运转。

4）安全措施、安全信号、安全标志、安全用具、个人防护用品缺乏或有缺陷的。

5）对事故熟视无睹，不认真采取措施或挪用安全技术措施经费，致使重复发生同类事故的。

6）对现场工作缺乏检查或指导错误的。

特大安全事故肇事单位和个人的刑事处罚、行政处罚和民事责任，依照有关法律、法规和规章的规定执行。

42. 事故管理

企业应建立事故档案和管理台账，将承包商、供应商等相关方在企业内部发生的事故纳入本企业事故管理。

企业应按照《企业职工伤亡事故分类》（GB 6441—1986）、《事故伤害损失工作日标准》（GB/T 15499—1995）的有关规定和国家、行业确定的事故统计指标开展事故统计分析。

根据 GB 6441—1986《企业职工伤亡事故分类》（GB 6441—1986），企业伤害事故共分为 20 种，分别是物体打击、车辆伤害、机械伤害、起重伤害、触电、淹溺、灼烫、火灾、高处坠落、坍塌、冒顶片帮、透水、放炮、火药爆炸、瓦斯爆炸、锅炉爆炸、容器爆炸、其他爆炸、中毒和窒息、其他伤害。

《事故伤害损失工作日标准》（GB/T 15499—1995）详细规定了定量记录人体伤害程度的方法及伤害对应的损失工作日数值，适用于企业职工伤亡事故造成的身体伤害。

2016 年 7 月 27 日，国家安全生产监督管理总局办公厅印发了《生产安全事故统计管理办法》（安监总厅统计〔2016〕80 号，以下简称《办法》）。《办法》明确规定生产安全事故原则上由县级安全监管部门归口统计、联网直报。个别跨县级行政区域的特殊行业领域生产安全事故统计信息，按照国家安全生产监督管理总局和有关行业领域主管部门确定的生产安全事故统计信息通报形式，实行上级安全生产监督管理部门归口直报。《办法》明确要求，各级安全监管部门要真实、准确、完整、及时按照《国民经济行业分类》分类统计生产安全事故。对符合核销条件的生产安全事故应当经过公示、备案，才能核销。各级安全生产监督管理部门应确保统计信息的真实性和完整性，并对本行政区域内生产安全事故统计工作进行监督检查。《办法》指出，国家安全生产监督管理总局将进一步建立健全生产安全事故统计数据修正制度，采用多种统计调查方法对生产安全事故统计数据进行核查、修正，并对外公布。

43. 绩效评定

企业安全生产标准化工作实行企业自主评定、外部评审的方式。企业应当根据相关标准和有关评分细则，对本企业开展安全生产标准化工作情况进行评定，自主评定后申请外部评审定级。企业应每年至少一次对本单位安全生产标准化的实施情况进行评定，验证各项安全生产制度措施的适宜性、充分性和有效性，检查安全生产工作目标、指标的完成情况。

（1）适宜性

所制定的各项安全生产制度措施是否适合于企业的实际情况，所制定的安全生产工作目标、指标及其落实方式是否合理，新制度与原有的其他管理方式是否融合、相得益彰，有关的措施制度能否被职工接受并很好地落实。

（2）充分性

各项安全管理的制度措施是否满足了安全生产标准化规范的全部管理要求；所有的管理措施、管理制度是否有效运行，对相关方的管理是否有效。

（3）有效性

所制定的安全生产制度措施能否保证实现企业的安全工作目

标、指标；是否以隐患排查治理为基础，对所有排查出的隐患实施了有效的治理与控制；对重大危险源能否有效地监控；企业员工通过安全标准化工作的推进，是否提高了安全意识，并能够自觉遵守安全管理规章制度和操作规程；企业安全生产工作是否得到相应的进展。

企业主要负责人应对绩效评定工作全面负责。评定工作应形成正式文件，并将结果向所有部门、所属单位和从业人员通报，作为年度考评的重要依据。企业应落实安全生产报告制度，定期向业绩考核等有关部门报告安全生产情况，并向社会公示。

如果发生了伤亡事故，说明企业在安全管理中的某些环节出现了严重的缺陷或问题，需要马上对相关的安全管理制度、措施进行客观评定，努力找出问题根源所在，有的放矢，对症下药，不断完善有关制度和措施。评定过程中，要对前一次评定后突出的纠正措施、建议的落实情况与效果作出评价，并向企业的所有部门和员工通报。

44. 持续改进

企业应根据安全生产标准化管理体系的自评结果和全生产预测预警系统所反映的趋势，以及绩效评定情况，客观分析企业安全生产标准化管理体系的运行质量，及时调整完善相关制度文件和过程管控，持续改进，不断提高安全生产绩效。

《企业安全生产标准化基本规范》的许多条款，已经直接提出了对安全管理的一些具体环节要持续改进的要求。除此之外，持续改进更重要的内涵是，企业负责人通过认真分析一定时期后的评定结果，及时将某些部门做得比较好的管理方式及管理方法，在企业内所有部门进行全面推广。

对发现的系统问题及需要努力改进的方面及时做出调整和安排。在必要的时候，把握好合适的时机，及时调整安全生产目标、指标，或修订不合理的规章制度、操作规程，使企业的安全生产管理水平不断提升。

企业负责人还要根据安全生产预警指数数值大小，对比、分析查找趋势升高、降低的原因，对可能存在的隐患及时进行分析、控制和整改，并提出下一步安全生产工作的关注重点。

第四章

企业安全生产标准化评审获证

45. 安全生产标准化创建

　　企业的安全生产标准化评定标准由国家安全生产监督管理总局按照行业制定，企业依照相关行业评定标准进行创建。海洋石油天然气安全生产标准化达标企业由国家安全生产监督管理总局公告，证书、牌匾由其确定的评审组织单位发放。工贸行业小微企业可按照《冶金等工贸行业小微企业安全生产标准化评定标准》（安监总管四〔2014〕17 号）开展创建，其公告和证书、牌匾的发放，也可由省级安全生产监督管理部门制定办法，开展创建。鼓励地方根据实际，制定小微企业创建的相关标准。冶金等工贸企业是指冶金、有色、建材、机械、轻工、纺织、烟草、商贸等行业企业。

46. 安全生产标准化分级

　　企业安全生产标准化达标等级分为一级、二级、三级，其中一级为最高。达标等级具体要求由国家安全生产监督管理总局按照行业分别确定。安全生产标准化一级企业由国家安全生产监督管理总

局公告，证书、牌匾由其确定的评审组织单位发放。二级企业公告和证书、牌匾的发放，由省级安全生产监督管理部门确定。三级企业由地市级安全生产监督管理部门确定，经省级安全生产监督管理部门同意，也可以授权县级安全生产监督管理部门确定。

47. 安全生产标准化自评

企业安全生产标准化建设以企业自主创建为主，程序包括自评、申请、评审、公告、颁发证书和牌匾。企业应自主开展安全生产标准化建设工作，成立由其主要负责人任组长的自评工作组，对照相应评定标准开展自评，形成自评报告并网上提交。企业应每年进行 1 次自评，自评报告应在企业内部进行公示。

企业在完成自评后，实行自愿申请评审。企业应通过国家安全生产监督管理总局企业安全生产标准化信息管理系统（http：//aqbzh．chinasafety．gov．cn）完成网上注册、提交自评报告等工作，自评报告的样式如下：

样式 1　自评报告

企 业 安 全 生 产 标 准 化

自 评 报 告

企业名称：＿＿＿＿＿＿＿＿＿＿＿＿＿＿

所属行业：＿＿＿＿＿＿专业：＿＿＿＿＿＿＿

自评得分：＿＿＿＿＿＿自评等级：＿＿＿＿＿

自评日期：　　　年　　月　　日

是否在企业内部公示：□是　　□否

是否申请评审：　　□是　　□否

国家安全生产监督管理总局制

一、基本情况表

企业名称					
地址					
企业性质	□国有 □集体 □民营 □私营 □合资 □独资 □其他				
安全管理机构					
员工总数	人	专职安全管理人员	人	特种作业人员	人
固定资产		万元	主营业务收入		万元
倒班情况	□有 □没有		倒班人数及方式		
法定代表人		电话		传真	
联系人		电话		传真	
		手机		电子信箱	
自评等级	□一级 □二级 □三级 □小微企业				

本次自评前本专业曾经取得的标准化等级：□一级 □二级 □三级 □小微企业 □无

如果企业是某企业集团的成员单位，请注明企业集团名称：

如果已取得职业健康安全管理体系认证证书，请注明证书名称和发证机构：

本企业安全生产标准化自评小组主要成员		姓名	所在部门 职务/职称	电话	备注
	组长				
	成员				

二、企业自评总结

1. 企业概况。
2. 近三年企业安全生产事故和职业病的发生情况。
3. 企业安全生产标准化创建过程及取得的成效。

三、评审申请表

1. 企业是否同意遵守评审要求，并能提供评审所必需的真实信息？ □是　　□否
2. 企业在提交申请书时，应附以下文件资料： ◇安全生产许可证复印件（未实施安全生产行政许可的行业不需提供） ◇自评扣分项目汇总表
3. 企业自评得分：
4. 企业自评结论：   法定代表人（签名）：　　　　　　　　　（申请企业盖章） 　　　　　　　　　　　　　　　　　　　年　　月　　日
5. 上级主管单位意见：   负责人（签名）：　　　　　　　　　　　（主管单位盖章） 　　　　　　　　　　　　　　　　　　　年　　月　　日
6. 安全生产监督管理部门意见：   负责人（签名）：　　　　　　　（安全生产监督管理部门盖章） 　　　　　　　　　　　　　　　　　　　年　　月　　日

自评报告填报说明：

（1）"企业名称"填写企业名称并加盖申请企业章。

（2）"所属行业"主要类别有非煤矿山、危险化学品、化工、医药、烟花爆竹、冶金、有色、建材、机械、轻工、纺织、烟草、商贸等行业。"专业"

按行业所属专业填写，有专业安全生产标准化标准的，按标准确定的专业填写，如"冶金"行业中的"炼钢""轧钢"专业，"建材"行业中的"水泥"专业，"有色"行业中的"电解铝""氧化铝"专业等。

（3）"企业概况"包括主营业务所属行业、经营范围、企业规模（包括职工人数、年产值、伤亡人数等）、发展过程、组织机构、主营业务产业概况、本企业规模（产量和业务收入）、在行业中所处地位、安全生产工作特点等。

（4）企业自愿申请评审时，应填写"评审申请表"，表格中"上级主管单位意见"栏内，如无上级主管单位，应填写"无"。

（5）"评审申请表"中"安全生产监督管理部门意见"，主要是安全生产监督管理部门对申请企业的生产安全事故情况进行核实。申请一级企业的应由省级安全生产监督管理部门出具意见，申请二级、三级企业的按照省级安全生产监督管理部门要求由相应的安全生产监督管理部门出具意见。

（6）申请海洋石油天然气安全生产标准化企业的应由相应的海洋石油作业安全办公室分部出具意见。

48. 安全生产标准化申请评审

（1）申请

1）以企业自愿申请为原则。申请取得安全生产标准化等级证书的企业，在上报自评报告的同时，提出评审申请。

2）申请安全生产标准化评审的企业应具备以下条件：

①设立有安全生产行政许可的，已依法取得国家规定的相应安全生产行政许可。

②申请评审之日的前1年内，无生产安全死亡事故。

有行业评定标准要求高于上述要求的，按照行业评定标准执行；低于上述要求的，按照上述要求执行。

3）申请安全生产标准化一级企业还应符合以下条件：

①在本行业内处于领先位置，原则上控制在本行业企业总数的1%以内。

②建立并有效运行安全生产隐患排查治理体系，实施自查自改自报，达到一类水平。

③建立并有效运行安全生产预测预控体系。

④建立并有效运行国际通行的生产安全事故和职业健康事故调查统计分析方法。

⑤相关行业规定的其他要求。

⑥省级安全生产监督管理部门推荐意见。

（2）评审

1）评审组织单位收到企业评审申请后，应在 10 个工作日内完成申请材料审查工作。经审查符合条件的，通知相应的评审单位进行评审；不符合申请要求的，书面通知申请企业，并说明理由。

2）评审单位收到评审通知后，应按照有关评定标准的要求进行评审。评审完成后，将符合要求的评审报告，报评审组织单位审核。评审报告样式如下：

样式 2　评审报告

企业安全生产标准化
评审报告

申请企业：_____

评审单位：_____

评审行业：_____ 专业：_____

评审性质：_____ 级别：_____

评审日期：____年__月__日至____年__月__日

国家安全生产监督管理总局制

评审单位情况					
评审单位					
单位地址					
主要负责人		电话		手机	
联系人		电话		传真	
		手机		电子信箱	

评审小组成员		姓名	单位/职务/职称	电话	备注（证书编号）
	组长				
	成员				

申请企业情况					
申请企业					
法定代表人		电话		手机	
联系人		电话		传真	
		手机		电子信箱	

评审结果

评审等级：□一级　□二级　□三级 □小微企业	评审得分：

评审组长签字：

评审单位负责人签字：　　　　　　　　（评审单位盖章）

　　　　　　　　　　　　　　　年　　月　　日

评审组织单位意见：   （评审组织单位盖章） 年　　月　　日
制度文件评审综述：
现场评审综述：
评审扣分项及整改要求（另附表提供）：
建议：
  评审组长： 　年　月　　日　　　　　　　　　审批人/日期： 评审单位盖章

注：评审报告首页评审单位填写名称并盖章。

3）评审结果未达到企业申请等级的，申请企业可在进一步整改完善后重新申请评审，或根据评审实际达到的等级重新提出申请。

4）评审工作应在收到评审通知之日起 3 个月内完成（不含企业整改时间）。

49. 安全生产标准化评审公告

评审组织单位接到评审单位提交的评审报告后应当及时进行审查，并形成书面报告，报相应的安全生产监督管理部门。不符合要求的评审报告，评审组织单位应退回评审单位并说明理由。

相应安全生产监督管理部门同意后，对符合要求的企业予以公告，同时抄送同级工业和信息化主管部门、人力资源社会保障部门、国资委、工商行政管理部门、质量技术监督部门、银监局。不符合要求的企业，书面通知评审组织单位，并说明理由。

50. 安全生产标准化证书和牌匾

经公告的企业，由相应的评审组织单位颁发相应等级的安全生产标准化证书和牌匾，有效期为 3 年。证书和牌匾由国家安全生产监督管理总局统一监制，统一编号。证书样式如图 4—1、图 4—2所示，牌匾样式如图 4—3、图 4—4 所示。

图4—1 企业安全生产标准化
证书样式

图4—2 小微企业安全生产
标准化证书样式

安全生产标准化
X级企业（ ）

编号：

发证单位名称

年月（有效期三年）

国家安全生产监督管理总局监制

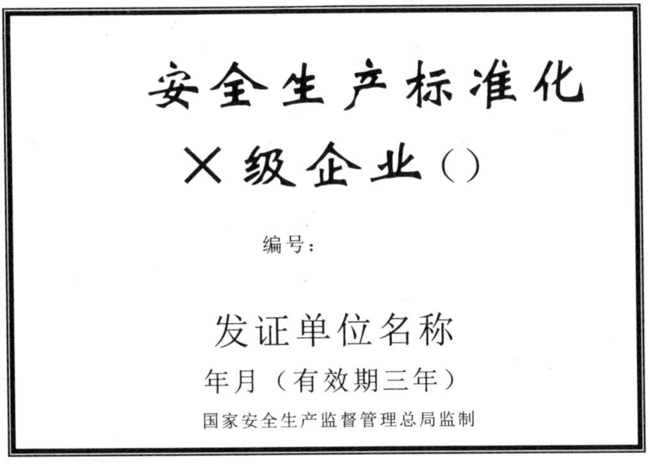

图4—3 企业安全生产标准化牌匾样式

安全生产标准化
小微企业

编号：

发证单位名称
年月（有效期三年）
国家安全生产监督管理总局监制

图4—4 小微企业安全生产标准化牌匾样式

（1）一般企业证书编号规则

1）地区简称＋字母"AQB"＋行业代号＋级别＋发证年度＋顺序号。一级企业及海洋石油天然气二级、三级企业无地区简称，二、三级企业的地区简称为省、自治区、直辖市简称。级别代号一、二、三级分别为罗马字"Ⅰ""Ⅱ""Ⅲ"。顺序号为5位数字，从00001开始顺序编号。行业代号详见表4—1。

表4—1   企业安全生产标准化证书编制行业代号

序号	行业	代号
1	金属非金属矿山	KS
2	石油天然气	SY
3	选矿厂	XK
4	采掘施工单位	CJ
5	地质勘查单位	DZ

续表

序号	行业	代号
6	危险化学品	WH
7	化工	HG
8	医药	YY
9	烟花爆竹	YH
10	冶金	YJ
11	有色	YS
12	建材	JC
13	机械	JX
14	轻工	QG
15	纺织	FZ
16	烟草	YC
17	商贸	SM

例如，某 2014 年机械制造安全生产标准化一级企业的证书编号为"AQBJX Ⅰ 201400001"。某 2014 年北京市机械制造安全生产标准化二级企业的证书编号为"京 AQBJX Ⅱ 201400001"。某 2014 年北京市机械制造安全生产标准化三级企业的证书编号为"京 AQBJX Ⅲ 201400001"。

2）"×级企业"中的"×"为"一""二"或"三"。

3）"（×××××）"中的"×××××"为行业和专业，如"冶金炼钢"或"冶金铁合金"等。

4）有效期为阿拉伯数字的年和月，如"2017 年 3 月"。

5）证书颁发时间为阿拉伯数字的年、月、日，如"2014 年 3 月 10 日"。

6）二维条码图形为证书颁发单位名称和证书印制编号，由国家安全生产监督管理总局企业安全生产标准化信息管理系统自动生成。

7）证书印制编号为 9 位数字编号和 1 位数字检验码。

（2）小微企业证书编号规则

小微企业证书编号规则：地区简称＋字母"AQB"＋"XW"＋发证年度＋顺序号。顺序号为 6 位数字，从 000001 开始顺序编号。

例如，2014 年北京市小微企业安全生产标准化达标企业证书编号可表示为"京 AQB XW 2014000001"。

（3）一般企业牌匾制作说明

1）"×"为级别，指大写数字"一""二"或"三"，括号中为行业。

2）牌匾编号与证书编号一致。

3）发证时间与证书颁发时间中的年、月一致。

（4）小微企业牌匾编制说明

1）牌匾编号与证书编号一致。

2）发证时间与证书颁发时间中的年、月一致。

51. 安全生产标准化等级的撤销与复评

（1）撤销的情形

取得安全生产标准化证书的企业，在证书有效期内发生下列行为之一的，由原公告单位公告撤销其安全生产标准化企业等级：

1）在评审过程中弄虚作假、申请材料不真实的。

2）迟报、漏报、谎报、瞒报生产安全事故的。

3）企业发生生产安全死亡事故的。

（2）被撤销重新申请评审

被撤销安全生产标准化等级的企业，自撤销之日起满 1 年后，方可重新申请评审。

被撤销安全生产标准化等级的企业，应向原发证单位交回证书、牌匾。

52. 安全生产标准化等级期满复评

（1）期满复评

1）取得安全生产标准化证书的企业，3 年有效期届满后，可自愿申请复评，换发证书、牌匾。

2）一、二级企业申请期满复评时，如果安全生产标准化评定标准已经修订，应重新申请评审。

3）安全生产标准化达标企业提升达到高等级标准化企业要求的，可以自愿向相应等级评审组织单位提出申请评审。

（2）直接换发证书和牌匾

满足以下条件，期满后可直接换发安全生产标准化证书、牌匾：

1）按照规定每年提交自评报告并在企业内部公示。

2）建立并运行安全生产隐患排查治理体系。一级企业应达到一类水平，二级企业应达到二类及以上水平，三级企业应达到三类及以上水平，实施自查自改自报。

3）未发生生产安全死亡事故。

4）安全生产监督管理部门在周期性安全生产标准化检查工作

中，未发现企业安全管理存在突出问题或者重大隐患。

5）未改建、扩建或者迁移生产经营、储存场所，未扩大生产经营许可范围。

53. 安全生产标准化评审的监督管理

（1）评审机构和人员

1）安全生产标准化工作机构一般应包括评审组织单位和评审单位，由一定数量的评审人员参与日常工作。

2）评审组织单位应具有固定工作场所和办公设施，设有专职工作人员。评审组织单位负责对评审单位的日常管理工作和对评审单位的现场评审工作进行抽查，还应承担评审人员培训、考核与管理等工作。评审组织单位应定期开展对评审人员的继续教育培训，不断提高评审能力和水平。评审组织单位不得向企业收取任何费用，应参照当地物价部门制定的类似业务收费标准规范评审单位评审收费。

3）评审单位是指由安全生产监督管理部门考核确定、具体承担企业安全生产标准化评审工作的第三方机构。评审单位应配备满足各评定标准评审工作需要的评审人员，保证评审结果的科学性、先进性和准确性。

4）评审人员包括评审单位的评审员和聘请的评审专家，按评定标准参加相关专业领域的评审工作，对其作出的文件审查和现场评审结论负责。

5）评审组织单位、评审单位、评审人员要按照"服务企业、公正自律、确保质量、力求实效"的原则开展工作。

6）一级企业的评审组织单位、评审单位和评审人员基本条件由国家安全生产监督管理总局按照行业分别确定。二级企业的评审组织单位、评审单位和评审人员基本条件由省级安全生产监督管理部门负责确定。三级企业的评审组织单位、评审单位和评审人员基本条件由市级安全生产监督管理部门负责确定。

海洋石油天然气企业安全生产标准化的评审组织单位、评审单位和评审人员基本条件由国家安全生产监督管理总局确定。

（2）监督管理部门

1）各级安全生产监督管理部门要指导监督企业将着力点放在建立企业安全生产管理体系，运用安全生产标准化规范企业安全管理和提高安全管理能力上，注重实效，严防走过场、走形式。

2）各级安全生产监督管理部门要将企业安全生产标准化建设和隐患排查治理体系建设的效果，作为实施分级分类监管的重要依据，实施差异化的管理，将未达到安全生产标准化等级要求的企业作为安全生产监督管理重点，加大执法检查力度，督促企业提高安全管理水平。

3）各级安全生产监督管理部门在企业安全生产标准化建设工作中不得收取任何费用。

4）各级安全生产监督管理部门要规范对评审组织单位、评审单位的管理，强化监督检查，督促其做好安全生产标准化评审相关工作。对于在评审工作中弄虚作假、牟取不正当利益等行为的评审单位，一律取消评审单位资格。对于出现违法违规行为的评审单位法人和评审人员，依法依规严肃查处，并追究责任。